和木赞牛

安格斯牛

秦川牛（母）

秦川牛（公）

南阳牛（公）

南阳牛（母）

鲁西牛（公）

鲁西牛（母）

鲁南牛（公）

鲁南牛（母）

渤海黑牛（公）

渤海黑牛（母）

2

延边牛（公）

延边牛（母）

夏州牛（公）

夏州牛（母）

3

牛前后盘吸虫病 瘤胃壁上的
前后盘吸虫（王春仁 李 利）

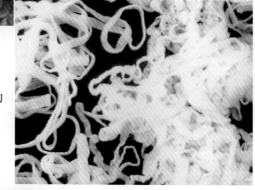

牛莫尼茨绦虫病 牛小肠内检出的
大量莫尼茨绦虫（王春仁 李 利）

瘤胃积食 腹部增大
（夏 成 张洪友）

创伤性网胃炎 网胃内有钢针
（夏 成）

4

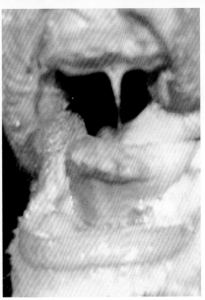

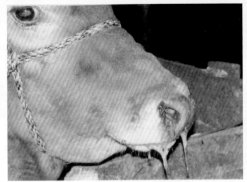

口蹄疫　流涎，鼻孔水疱破溃
（朴范泽　侯喜林）

口蹄疫　病牛舌尖，齿龈形成水疱
（朴范泽　侯喜林）

支气管肺炎　流出黏液性鼻汁（夏　成）

犊牛地方流行性肺炎　病死牛胸腔积
液，肺胸膜黏连（朴范泽　侯喜林）

牛结核病　肺结核结节
（朴范泽　侯喜林）

牛巴氏杆菌病——败血病　濒死期病牛
鼻孔出血（朴范泽　夏成　侯喜林）

牛多头蚴病　转圈运动（王春仁　李利）

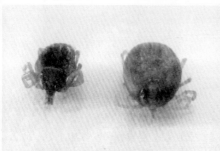

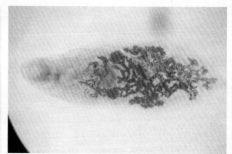

牛环形泰勒虫病　残缘璃眼蜱
（王春仁　李利）

阔盘吸虫病　胰阔盘吸虫成虫形态
（王春仁　李利）

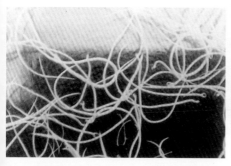

血矛线虫病　捻转血矛线虫形态
（王春仁　李利）

血矛线虫病　捻转血矛线虫雄虫交合伞
（王春仁　李利）

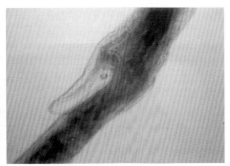

血矛线虫病　捻转血矛线虫雌虫阴门盖
（王春仁　李利）

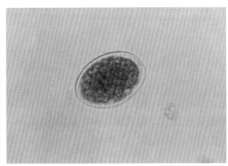

血矛线虫病　捻转血矛线虫虫卵
（王春仁　李利）

仰口线虫病　牛仰口线虫
（王春仁　李利）

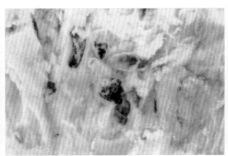

阔盘吸虫病　胰阔盘吸虫寄生于胰脏
（宋铭忻　路义鑫）

片形吸虫病　肝片吸虫虫体
（王春仁　李利）

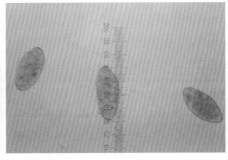

片形吸虫病　肝片吸虫虫卵
（王春仁　李利）

7

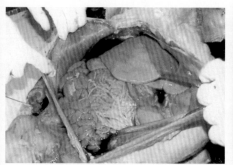

牛布鲁氏菌病　流产胎儿胸腹腔积液
（朴范泽　侯喜林　朱战波）

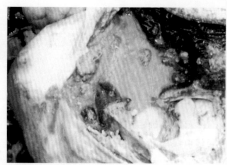

子宫内膜炎　子宫肥大、灰色、粥状分
泌物、黏膜呈紫色（夏　成）

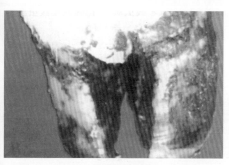

腐蹄病　蹄冠皮肤充血、红肿（宣长和）

腐蹄病　蹄底感染、化脓（夏　成）

犊牛多发性关节炎　病犊牛关节肿胀
（朴范泽　侯喜林）

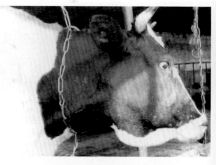

放线菌病　下颌部放线菌肿
（朴范泽　侯喜林　夏　成）

肉牛育肥与疾病防治

主 编

杨泽霖

副主编

郭文乾 罗 毅 武玉波 李存珠

编著者

（按姓氏笔画排序）

田双喜 田建华 刘长春 刘桂珍 李蕾蕾

李文京 李 扬 江希玲 杨 枫 杨泽霖

陈东伟 张金松 张 娜 张利宇 范建敏

赵晓丽 郭 峰 郭英丽 雅 梅 董 虹

顾 问

石有龙

策 划

杨春祥 徐少英

金 盾 出 版 社

内 容 提 要

本书由农业部全国畜牧总站杨泽霖高级兽医师主编。本书内容分上下两篇,上篇包括:肉牛品种及特性,肉牛的饲养管理技术,肉牛育肥技术,饲草饲料调制与利用,秸秆青贮实用技术,肉牛繁殖力及杂交优势,养殖环境卫生基础知识,牛场建设与规划,牛舍的常规消毒,防疫与运输;下篇包括:牛的传染病,牛的寄生虫病,牛的内科病,牛的营养代谢性疾病,牛的常见中毒性疾病,牛的外科病的防治。本书内容丰富全面,文字通俗易懂,科学性可操作性强,适合肉牛养殖场、养牛专业户、畜牧兽医工作者阅读,亦可供相关农业院校师生参考。

图书在版编目(CIP)数据

肉牛育肥与疾病防治/杨泽霖主编 . —北京:金盾出版社,2009.12(2019.1重印)

ISBN 978-7-5082-6048-8

Ⅰ.①肉… Ⅱ.①杨… Ⅲ.①肉牛—育肥②肉牛—牛病—防治 Ⅳ.①S823.96 S858.23

中国版本图书馆 CIP 数据核字(2009)第 189848 号

金盾出版社出版、总发行

北京市太平路 5 号(地铁万寿路站往南)

邮政编码:100036 电话:68214039 83219215

传真:68276683 网址:www.jdcbs.cn

北京军迪印刷有限责任公司印刷、装订

各地新华书店经销

开本:850×1168 1/32 印张:9 彩页:8 字数:216 千字

2019 年 1 月第 1 版第 10 次印刷

印数:42 001～45 000 册 定价:27.00 元

序

改革开放以来,我国畜牧业保持了较高的发展速度,实现了持续增长,已成为名副其实的农业支柱产业。其中,肉牛业也有了很大的发展,牛出栏量和牛肉产量保持逐年增长势头。1980 年,我国牛出栏量 332.3 万头,产量仅有 26.9 万吨;2008 年,牛出栏量 10576 万头,牛肉产量达到 610 万吨,分别是 1980 年的 31.8 倍和 22.7 倍。

我国肉牛业经过 20 世纪 80~90 年代的快速发展而迅速崛起。近年来,我国肉牛业的发展,开始从数量增长为主到注重质量的转变,肉牛的饲养呈现出多元化的趋势,如肉牛育肥不仅有短期快速育肥,还有中长期育肥和幼龄牛的直线育肥等多种形式。

从整体上来说,我国的肉牛饲养期缩短,出栏率提高,牛肉的质量、档次也得到了提高。但我国的肉牛生产相对于奶牛的生产,不论是从品种上,还是从饲养者的技术水平上和技术含量上仍然处于较低的水平,还需要较长时间和较大力度的发展和提高。

科学技术进步是养殖业发展的动力。肉牛的饲养管理、育肥技术、疾病防治技术对增加牛肉产量、改进肉牛品质和提高肉牛养殖的经济效益发挥着重要作用。

为了满足广大肉牛养殖工作者和生产管理者对肉牛养殖知识的迫切需要,作者对肉牛的饲养管理、育肥、秸秆利用和疾病防治技术等进行了系统的研究、收集与整理，并根据多年的实践经验和应用的实际编写了此书。该书既讲求技术的先进性，又注重其实用性和可操作性，内容深入浅出，语言通俗易懂，力求使广大养殖者和生产管理人员能读得懂，用得上。作者将《肉牛育肥及疾病防治》一书奉献给社会，是做了一件很有意义的工作。相信本书的出版发行，对提高肉牛饲养管理、育肥、防病治病技术，普及科学养殖知识，促进肉牛养殖的健康有序发展，将起到积极作用。

二〇〇九年九月一日

于康震：国家首席兽医师

前　　言

随着我国人民生活水平的不断提高,以及人们餐桌上的肉食结构的变化,对牛肉产品的需求多样化提出了更高的要求。原来人们餐桌上传统的牛肉制作方式只有炖牛肉、酱牛肉等,现在食用的方式为了顺应人们不同口味和喜好,则按照牛胴体的不同部位而采取不同的制作方法。正是因为这种消费的多样化,拉动了我国肉牛养殖业的蓬勃发展。我国自 20 世纪 80 年代开始,肉牛养殖业就发生了地域性的战略转移,由原来集中在牧区养殖出栏肉牛,向农区和农副产品丰富的地区集中饲养与育肥肉牛转变。这种转变不论是对养殖户的脱贫致富还是对我国肉牛发展都起到了里程碑的作用。同时,也是肉牛养殖由传统低效向现代化、规模化、高效化的根本性转变的起点。

本书主要是根据农村养殖户的特点,重点介绍了肉牛养殖中的繁殖、饲养管理、配种技术,同时也介绍了常见病和一些专科疾病的防治技术,特别是针对肉牛育肥的一些常用技术专门做了介绍。

本书力求理论和实践相结合,内容尽量概括农村养牛所涉及的内容,如饲养、管理、繁殖、秸秆利用、疾病防治等各个生产环节。是肉牛养殖户、人工授精员、基层兽医、畜牧兽医职业院校、大中专学生、教师、科研人员的参考资料。

由于编者水平及时间有限,书中难免有错误之处,恳请同行和读者批评指正。

编 著 者

目 录

上 篇

下 篇

上　篇

第一章　肉牛品种及特性

第一节　肉牛品种及特征

一、我国主要肉牛品种及特征

我国的黄牛改良早在新中国建立之前就开始了。例如，饲养在北方边境地区的个别当地黄牛品种，就曾经引进了朝鲜牛和苏系西门塔尔牛品种以改良当地黄牛品种，以期提高当地黄牛的耕作役用价值。在新中国成立初期我国全部黄牛总量才仅有5 000万头，基本上作为耕作和运输使用，那个时期国内几乎没有专门用于食品用途的肉牛品种来作为肉类商品供应市场。正是由于这种客观因素存在，我国在相当一段时期内的牛肉仅作为少数民族特供肉食来向居民供应，再加上当时的饮食习惯等，牛肉的市场销售和养牛业的发展形成了相互制约的两个对立和相互制约矛盾的主体。随着我国农业机械化、现代化的进程和市场的开放，我国的肉牛产业和消费市场才逐步形成和建立。原来仅用于耕作运输用途的黄牛作为肉类供应的饲养对象，被加以发掘和改良。20世纪80年代，我国对本国的优良黄牛品种做了一个品种调查，较系统全面地介绍了我国特有的黄牛品种特征及其相应的性能等，为我国肉牛业的发展奠定了基础。下面就介绍几个我国本地黄牛的优良品种和国外引进的肉牛优良品种,在生产实践中加以鉴别和参考。

(一)秦川牛 秦川牛因产地在"八百里秦川"的陕西省关中地区而得名。秦川牛属大型役肉兼用品种,体格高大,肌肉丰满,骨骼粗壮,体质强健。毛色有紫红色、红色、黄色3种,其中以紫红色和红色居多,鼻镜多为肉红色,少数呈黑色、灰色和黑斑点。角的颜色为肉色。蹄壳红色居多、少量呈黑色和黑红色相间的颜色。

1.产肉性能 秦川牛在中等饲养条件下,从6月龄开始,饲养325天,到18月龄,平均日增重:公牛700克,母牛550克,阉牛590克。饲料利用率:每千克增重饲料单位(燕麦单位),公牛7.8千克,母牛8.7千克,阉牛9.6千克[注:燕麦饲料单位:1千克中等质量的燕麦在阉牛体内沉积148(150)克脂肪(相当于5 913千焦净能)为标准,与此数相比得到的数,便是该饲料的燕麦单位]。

2.繁殖性能 秦川牛母牛一般是常年发情。在中等饲养水平下,母牛初情期为9月龄左右,体重230~240千克,发情周期为21天左右,发情持续期平均为40小时左右,妊娠期为290天左右。一般养殖户习惯是在母牛2岁时配种,正常条件下,母牛繁殖年龄可到14~15岁,个别达到17~20岁,一般是1年1胎1犊。公牛一般12月龄性成熟,2岁开始配种,正常使用可利用10年。

3.适应性能 秦川牛在热带和亚热带地区以及山区的气候条件下不能很好适应,但在平原、丘陵地区的自然环境和气候条件下能正常生长发育。

4.杂交效果 全国有20多个省、自治区引用秦川牛公牛改良本地黄牛,在体型和产肉量等方面均取得比较好的效果。

(二)南阳牛 南阳牛产于河南省南阳地区白河和唐河流域的平原地区。体格高大,肌肉发达,结构紧凑,体质结实,皮薄毛细,行动迅速,耐粗饲、性情温驯,属大型役肉兼用品种。毛色有黄色、红色、草白色3种,多以黄色深浅不等颜色,红色和草白色较少。一般牛的面部、腹部和四肢下部毛色较浅,鼻镜多为肉红色,其中部分有黑点,鼻黏膜多为淡红色。蹄壳多为黄蜡色、琥珀色带血筋。

1. 产肉性能　对育成南阳公牛进行以粗饲料为主要日粮进行育肥时,一般日增重可达 813 克。

2. 繁殖性能　南阳牛性成熟早,母牛常年发情,在中等饲养水平下,初情期 8～12 月龄,初配年龄为 2 岁,发情周期为 17～25 天,发情持续期为 1～3 天,妊娠期为 250～308 天,怀公犊妊娠时间比怀母犊平均多 4.4 天,产后第一次发情为 77 天。母牛繁殖率为 66%～85%,产犊成活率为 85%～95%,一般是 3 年 2 胎,也有 1 年 1 胎,多在春季产犊。公牛 1.5～2 岁开始配种,3～6 岁配种能力最强,利用年限是 5～7 年,也有使用 10 年以上的情况。

3. 适应性能　南阳牛在严寒地区和南方炎热地带均有较强的适应性。其生长发育和繁殖性能均能得到较好的发挥。

4. 杂交效果　全国有 20 多个省引进了南阳牛作为改良本地黄牛的父本,其杂交效果比较显著,遗传性能稳定,杂交后代基本体现了南阳牛的特点,毛色多为黄色特征。

(三)鲁西黄牛　鲁西黄牛是我国中原四大优良黄牛品种之一。体型分为高、矮和中间型,性情温驯,易于管理。主要产于山东省西南部的菏泽、济宁一带。体躯结构匀称,细致紧凑,被毛以浅黄色为多,棕红色较少。一般个体毛色前躯比后躯深一些,多数牛有完全或不完全的"三粉"特征(眼圈、口轮、腹下与四肢内侧色淡),鼻镜和皮肤多为淡肉色,部分鼻镜有黑点或黑斑,角色蜡黄或琥珀色。尾毛细长有弯曲呈纺锤状,颜色多与体毛一致,少数尾毛中有混生白色或黑毛。

1. 产肉性能　鲁西黄牛产肉性能良好,皮薄骨细,产肉率较高。据试验,以青草为主,每天补喂 2 千克(豆饼 40%、麦麸 60%)的条件下,对 1～1.5 岁牛进行育肥,平均日增重达 610 克。

2. 繁殖性能　母牛性成熟早,一般 10～12 月龄开始发情,发情周期平均为 22(16～35)天,发情持续期为 2～3 天,发情开始后 21～30 小时配种受胎率较高。母牛初配年龄多在 1.5～2 岁,终身可产 7～8 胎,最高可达 15 胎,妊娠期为 285(270～310)天,产后第一次发情平均为 35(22～79)天。

3. 适应性能 鲁西黄牛是在全年舍饲条件下培育成的地方优良品种。虽然表现有耐粗饲的特点,但一般不适合放牧饲养,特别是四肢较长,蹄质较软,更不适合山地劳役和放牧饲养,对高温适应能力较强,抗寒、抗湿能力较差。据资料显示,鲁西黄牛对结核病和焦虫具有较强的抵抗力。

4. 杂交效果 鲁西黄牛因适应性受局限,体成熟较晚,日增重不高,一般不作为杂交父本。

(四)晋南牛 晋南牛产于山西省西南部汾河下游的晋南盆地。体躯高大结实,肌肉发达,耐苦耐劳,挽力大,速度快,持久力强。毛色以枣红色为主,鼻镜为粉红色,蹄壳多呈粉红色。

1. 产肉性能 据用日粮中含有不同营养水平的两组育肥试验。高水平组(粗饲料 3.3 千克、精饲料 2 千克),低水平(粗饲料 3.6 千克、精饲料 0.7 千克)两组,进行 114 天育肥试验,日增重分别为 455 克、293 克。每千克增重消耗饲料,高水平组为 7.49 千克粗饲料、4.4 千克精饲料;低水平组为 12.3 千克粗饲料、2.56 千克精饲料。据对 10 头(阉牛和母牛各 5 头)进行育肥试验,平均日增重为 926 克,其中阉牛平均日增重为 1 029.5 克,屠宰率为 55%,净肉率为 44.17%。

2. 繁殖性能 母牛一般是 9～10 月龄开始性成熟,但发情表现不显著,母牛到 2 岁时配种。产犊间隔为 14～18 个月,终身产犊 7～9 头,最高可产 18 胎。妊娠期怀公犊平均为 291.9 天,怀母犊为 287.6 天。公牛 9 月龄性成熟,2 岁开始配种。

3. 适应性 晋南牛役用性能好,耐苦耐劳,繁殖力强,能适应不同的气候条件。因蹄质坚硬度稍差,所以不太适应山区道路的行走。

4. 杂交效果 晋南牛在生长发育晚期进行育肥,其饲料利用率和屠宰成绩均较好。遗传性能稳定。

(五)延边牛 延边牛主要产于吉林省延边朝鲜族自治州,属于寒温带山区的役肉兼用品种。体质结实,骨骼坚实,被毛长而密,皮厚有弹力。公牛颈厚而隆起,肌肉发达,角多向外后方伸展呈一字形或倒八字角。母牛角细长,多为龙门角。延边牛毛色多呈浓淡不同的黄色,鼻镜一般呈淡褐色,带有黑斑点。

1. 产肉性能 据试验,在比较好的饲养条件下培育的 18 月龄育成公牛,经 180 天育肥,胴体重 265.8 千克,屠宰率 57.5%,精肉率 47.23%,平均日增重 813 克。育肥后的肉质柔嫩多汁,鲜美适口。

2. 繁殖性能 延边牛的初情期为 8~9 月龄,性成熟期:母牛平均为 13 月龄,公牛为 14 月龄。常年发情,发情周期平均为 20~21 天,发情持续期为 12~36 小时,平均为 20 小时。发情征候消失 3~16 小时排卵,7~8 月份为发情盛期。在寒温带每年的第二季度配种,翌年第一季度产犊。第一次配种一般为 20~24 月龄。繁殖年限:种公牛为 8~10 岁,母牛为 10~13 岁,个别母牛可达 20 岁以上。

3. 适应性 延边牛耐寒冷,耐粗饲,抗病力强,役力持久,不易疲劳。是我国黄牛中珍贵的抗寒品种之一。

4. 杂交效果 利用延边牛改良个体外形明显增大,从役用角度看使役性能亦明显增强。

(六)复州牛 复州牛体质健壮,结构匀称,蹄质坚实,全身被毛为浅黄色或浅红色,四肢内侧被毛稍淡,鼻镜颜色多为肉色,主要产于辽宁省复县。

1. 产肉性能 据试验,在舍饲条件下,对 18 月龄的复州牛进行 100 天育肥,平均日增重 836 克,每千克增重消耗 6.77 个饲料单位(燕麦单位)。

2. 繁殖性能　公、母牛性成熟时间均在1周岁左右,一般在2周岁开始配种。母牛发情周期为18～22天,发情持续期为1～3天,妊娠期为275～285天。产后发情最早为1个月,一般为3～4个月。发情多在比较温暖的季节5～9月份。大多数母牛为2年产1胎,少数为1年1胎。

3. 适应性　复州牛比较适合平原地区饲养,同时也有一定耐寒冷、耐粗饲的特性。

(七)渤海黑牛　主要产于山东省惠民地区沿海一带,属于中型役肉兼用品种。牛体躯低而长,短角呈黑色,蹄质坚实呈木碗状,全身被毛、鼻镜、角、蹄均呈黑色。

1. 产肉性能　渤海黑牛饲料利用率高,易育肥,产肉性能较好。

2. 繁殖性能　公牛10～12月龄达性成熟,1.5～2岁即可配种,利用年限为6～8年。母牛8～10月龄达性成熟,初配年龄在1.5岁左右,一般1年1胎,终身可产7～8胎,个别母牛在15岁仍有繁殖能力。

3. 适应性　渤海黑牛适应性强,耐寒、耐旱、抗病性强、耐粗饲,四肢健壮,极少有四肢和蹄病。

二、国外主要肉牛品种及特征

我国最早在19世纪起就有从国外引进优良肉牛品种的记载,并分散在全国各地饲养,对我国当地黄牛改良起到了非常重要的作用。特别是在20世纪70年代引进的一些肉牛品种,如海福特牛、夏洛莱牛、西门塔尔牛和利木赞牛对我国各地黄牛改良,提升我国黄牛肉品质量和提高单位个体产肉率起到了非常显著的影响。下面就介绍几个主要影响我国肉牛改良的国外肉牛品种,供参考。

(一)西门塔尔牛　西门塔尔牛原产于瑞士阿尔卑斯山脉,为兼用型品种,体型高大、额宽,角呈一字向前扭转、向上外侧挑出,角尖为肉色。毛色为黄白花色或红白花色,多为白头,少数黄眼圈,胸部和腰部有带状的白色毛,腹部、尾梢、四肢的飞节和膝关节以下为白色。生产中西门塔尔牛一般分为两个品系,即苏系和德系,苏系多为黄白花色,德系多为红白花色。

1. 产肉性能　成年公牛体重可达 1 100 千克,母牛 800 千克左右。西门塔尔牛经过育肥后日增重可达 1 569 克,其屠宰率最高达 65%。西门塔尔牛 13～18 月龄母牛平均日增重达 505 克,在正常饲养管理下,1～2 岁公牛平均日增重为 974 克,16 月龄时公牛体重为 600～640 千克。

2. 繁殖性能　母牛可常年发情,发情周期为 18～22 天,产后发情平均为 53 天,妊娠期为 282～290 天,初产月龄平均为 30 月龄,产犊成活率为 90% 以上。

3. 适应性　据各地饲养西门塔尔牛的情况看,该牛适应性非常好。在我国地域差别变化比较大的环境下饲养,均可获得很好的生长发育表现,现在已经成为我国黄牛改良的主要品种之一。

4. 杂交效果　据试验,利用西门塔尔公牛改良蒙古牛,育肥到 1.5 岁时屠宰,其杂交一代牛平均日增重 864.1±291.8 克,杂交二代为 1 134.3±321.9 克。在育肥试验的最后 15 天,个体最高日增重,杂交一代牛日增重 2 000 克,杂交二代牛日增重达 2 400 克。据放牧试验,西门塔尔杂交一代阉牛平均日增重为 1 085 克,而夏洛莱和海福特杂交一代牛平均日增重则分别为 1 044.5 克和 988 克。据数十年的杂交改良经验,西门塔尔牛在今后的杂交改良利用方面,比较适合充当"外祖父"的角色。

(二)海福特牛　海福特牛原产于英格兰岛,是英国最古老的早熟中型肉用型品种之一。最早引入我国的记录是在 1913 年。该牛体格较小,骨骼纤细,头短,颈粗短,垂肉发达,额宽。分有角和无角两种。角向两侧平展、且微向前下方弯曲,呈蜡黄色。体躯呈长方形,四肢短,毛色主要为浓淡不同的红色。具有"六白"(头、四肢下部、腹下部、颈下、鬐甲和尾端为白色)的品种特征。

1. 产肉性能 海福特成年公牛体重 1 000~1 100 千克,母牛 600~750 千克。公犊初生重平均为 34 千克,母犊为 32 千克。该品种增重快,产肉率高,肉质好,皮下和肌肉中脂肪较少,脂肪主要沉积在内脏。成年牛屠宰率可达 67%,净肉率为 60%。据资料显示,12 月龄日增重可达 1 400 克,18 月龄体重能达到 725 千克。

2. 繁殖性能 海福特母牛在 6 月龄就有发情表现,到 18 月龄左右、体重达 500 千克时开始配种。发情周期为 21 天,发情持续期为 12~36 小时,妊娠期平均为 277(260~290)天。

3. 适应性 海福特牛性情温驯,适宜群体饲养。具有抗寒、耐粗饲、不挑食,饲料利用率高,抗病性较强的特点,但有耐热性差、蹄部易患病的缺点。据试验,海福特牛放牧采食能力强,放牧时自由采食牧草时间占放牧时间长达 79.3%,而当地牛采食时间占放牧时间仅为 67%。

4. 杂交效果 海福特牛与我国黄牛杂交效果明显,杂交一代牛具有明显的父系特征。一般杂交犊牛初生重(公犊 22.5 千克,母犊 22.4 千克)明显高于本地黄牛初生犊牛重量。

(三)夏洛莱牛 夏洛莱牛是原产于法国中西部和东南部夏洛莱省的古老品种。我国从 20 世纪 60 年代开始引进该品种。它属于肉用牛中的大型牛。角向两侧向前方伸展,圆而长,并呈蜡黄色。胸背腰宽深,臀部宽大而肌肉发育非常好,多见"双脊",腰部略显凹陷。全身毛色多为白色或乳白色。

1. 产肉性能 夏洛莱牛最大的特点就是生长速度快,瘦肉多,屠宰率高达 68%。初生重大,公犊达 46 千克,母犊 42 千克,断奶重可达 270~340 千克,1 周岁体重可达 500 千克,从出生到 6 月龄平均日增重为 1 168 克,18 月龄公犊平均体重为 734.7 千克。

2. 繁殖性能 母牛在 13 月龄开始有发情表现,到 17～20 月龄即可进行配种。由于夏洛莱牛难产率比较高(13.7%),一般在原产地要求饲养到 27 月龄,体重达 500 千克以上才可以配种,采取这样的办法可适当降低妊娠母牛的难产率。一般在产后 62 天首次发情,妊娠期为 286 天。

3. 适应性 夏洛莱牛具有良好的适应能力,耐寒抗热,耐粗饲,放牧时采食能力强,采食时间占放牧时间的 78.9%,日放牧采食量可达 48.5 千克。对常见病有较好的抵抗能力。运动不足或不及时修蹄,则易发生蹄病。因胎儿个体比较大,初产牛多需助产。

4. 杂交效果 夏洛莱牛遗传性能稳定。与当地黄牛杂交后,杂交一代具有明显的父本品种的特征,毛色多为乳白色或草黄色,体格大,四肢结实,肌肉丰满,性情温驯,易于管理,杂交一代牛初生重,公犊 29.7 千克,母犊 27.5 千克。杂交一代牛在较好的饲养条件下,24 月龄体重可达 494.09±30.31 千克。据试验,经过夏洛莱牛杂交后生产的杂交一代,不论是从役用能力、屠宰率和净肉率等指标相对于本地黄牛均有显著提高。

(四)安格斯牛 安格斯牛原产于英国的苏格兰北部的阿伯丁和安格斯地区。是一种古老的小型肉用品种。具有无角、黑毛、体型较低矮,体躯宽阔,呈长方形。全身肌肉发达,蹄质坚实,骨骼较细约占胴体中的 12.5%。

1. 产肉性能 安格斯成年公牛体重约达 900 千克,母牛达 600 千克,屠宰率为 60%～65%。犊牛初生重 32 千克,7～8 月龄体重达 200 千克,12 月龄日增重超过 1 000 克,体重可达 400 千克。

2. 繁殖性能 安格斯牛繁殖能力较强,母牛 12 月龄开始发情,到 18～20 月龄可进行配种。发情周期为 20 天左右,发情持续期为 26～30 小时,妊娠期为 280 天左右。

3. 适应性 安格斯牛耐粗饲、耐寒,性情温驯,母牛稍有神经敏感,对疾病有较强的抵抗力。

4. 杂交效果 安格斯牛无角遗传能力很强,与本地黄牛杂交一代被毛为父本特征。据试验,一般水平下饲养,犊牛初生重比本地黄牛提高 28.71%,24 月龄体重提高 76.06%,屠宰率为 50%,净肉率为 36.91%。利用安格斯改良本地黄牛,是改善肉质的较好的父本选择,在今后生产高档牛肉时安格斯是首选父本。

(五)短角牛 短角牛产于英格兰的达勒姆、约克等地,有肉用和乳肉兼用两种类型。它是在 18 世纪,当地人用达勒姆牛、提兹河牛与荷兰牛等品种杂交育成的品种,当今世界上许多著名的肉牛品种中均含有短角牛的基因。我国最早从 1913 年就曾经引进过短角牛。短角牛的外貌特征为:被毛卷曲,颜色多为紫红色,红白花色其次,个别为全白色,少数为沙毛。肉用型短角牛头宽、颈短,体躯宽大,颈下垂皮较发达,胸骨部位低,背腰宽阔,四肢短且间距宽。角细而短,两侧向下呈半圆形弯曲。

1. 产肉性能 短角牛饲喂后常卧地休息,因为消耗少,所以上膘快,肉质好。成年公牛体重为 1 000~1 200 千克,母牛体重为 600~800 千克;犊牛初生重平均为 30~40 千克,6 月龄体重可达 200 千克左右。经试验,18 月龄育肥平均日增重 614 克,每千克增重耗 7.25 个燕麦单位,宰前体重为 396.12±26.4 千克,胴体重 206.35±7.42 千克,屠宰率为 55.9%,净肉率为 46.39%。

2. 繁殖性能 短角牛 6~10 月龄性成熟,发情周期为 21 天左右,发情持续时间因年龄和季节变化而变化。一般老龄牛比青年牛发情持续时间长,夏季发情持续时间不如冬季发情时间长。妊娠期一般在 280 天左右。繁殖率达 91.93%。

3. 适应性 短角牛性格温驯,易于饲养,耐粗饲,适应不同温度、气候环境,生长发育快,成熟较早,抗病力强。

4. 杂交效果 我国培育的首个肉牛品种草原红牛,就是利用短角牛和本地黄牛进行杂交培育而成的。

(六)利木赞牛 利木赞牛原产于法国中部的利木赞省,是经过多年培育的大型肉用品种。我国是在 1974 年从法国引进此品种。该品种具有被毛黄红色,鼻、口和眼周围、四肢内侧及尾部毛色较浅,角为白色,蹄为红褐色,头部短小,体型大、躯体长,全身肌肉丰满,四肢强健。

初生重公犊为 36 千克,母犊 35 千克,生长发育快,7~8 月龄体重即可达 240~300 千克,平均日增重为 900~1 000 克,1 周岁体重可达 450~480 千克,成年体重公牛 950~1 000 千克,母牛600 千克。屠宰率为 68%~70%,胴体瘦肉率为 80%~85%。

(七)蓝白花牛 蓝白花牛属肉用品种,其原产地在比利时。该品种多为蓝白相间或乳白毛色,少数有灰黑和白色相间毛色。体型大而呈圆形,肩背、腰和大腿肉块明显。性情温驯、易于饲养,生长速度快。据试验,7~12 月龄日增重 1 400~1 500 克,成年公牛体重达 1 200 千克左右,母牛体重为 725 千克,公犊初生重为 46千克,母犊为 42 千克。12 月龄公牛体重 530 千克,日增重 1 490克。屠宰率高达 68%~70%。瘦肉含量比其他肉牛品种高18%~20%,骨骼轻 10%,脂肪少 30%。

(八)皮埃蒙特牛 皮埃蒙特牛为乳肉兼用型品种,它原产于意大利北部的皮埃蒙特的都灵、米兰和克里英那等地。该品种是国外的育种公司在 20 世纪初利用夏洛莱牛杂交改良而育成。其特点是体格较大,骨细,全身肌肉发达。毛色多为乳白色或浅灰色,而公牛不同于母牛的特征是肩胛部的毛色较深,眼圈及尾部呈黑色。成年公牛体重约 850 千克、身高 145 厘米,母牛约为 570 千克、身高 136 厘米。

第二节　肉牛的消化特性

肉牛是反刍家畜,其消化系统的生理和作用与其他单胃家畜不同,属于复胃哺乳动物。复胃由4个胃组成:瘤胃、网胃(又称蜂巢胃)、瓣胃(又称重瓣胃或百叶胃)和皱胃。4个胃总计可容纳150~230升饲草料,胃内装满草料后可占据腹部大部分容积。通过了解和掌握牛特有的消化系统结构和特性,才能结合其特点进行饲养与管理,促进养殖成本降低,提高产量和经济效益。

一、消化系统

(一)口腔　牛的口腔由唇、牙齿和舌等组成。因为牛的唇厚而不灵活,在采食时舌头是主要的采食器官,牛舌长而灵活,舌面组织非常粗糙,特别是在采食鲜嫩青草和小颗粒精饲料时就是靠舌头来完成采食。采食后利用牙齿来完成草料的初步磨碎,牛口腔中仅有下切齿。牛采食草料是靠舌头与下切齿和上齿板配合动作来完成。牛的臼齿宽大,非常适合咀嚼磨碎饲草、饲料。牛采食速度较快,草料在口腔初步切碎咀嚼和唾液混合后经食管进入瘤胃,这个过程仅完成了草料的采食,草料的进一步磨碎消化还要经过其他物理、化学和微生物作用的过程才能完成。

(二)牛胃组成　牛胃由4个部分组成。瘤胃、网胃、瓣胃组成前胃,这3个胃均无消化腺体,不分泌胃液,其消化液主要是靠牛在采食时分泌的唾液。犊牛和成年牛的4个胃容积变化比较大,初生犊牛的皱胃发达,而前胃发育仅占4个胃的1/3,所以在犊牛时期一定要适应胃的发育情况来饲喂,才有利于生长发育。随着犊牛月龄的增长,采食植物性饲料数量不断增加,刺激了前胃的发育,其容积逐步增大,到了6月龄以后,犊牛前胃的消化能力才逐步达到成年牛的消化能力。成年牛的瘤胃相当发达,其容积占4

个胃的 80%，网胃占 5%，瓣胃占 7.5%，皱胃占 7.5%。

1. 瘤胃 瘤胃在整个复胃中体积最大，几乎占据整个腹部左侧和右侧下半部分，其形状呈左右稍扁、前后稍长的囊形的袋状物，其功能是对草料进行物理和微生物消化。物理消化主要是靠瘤胃肌肉囊有规律地蠕动，对饲料进行磨碎、揉团等作用。瘤胃的最大特点就是含有大量的细菌，其种类多达 300 余种。细菌的作用就是将瘤胃中的草料进行发酵成可利用的营养原。随着生长发育时间的推移，食管沟逐渐退化，到了成年后食管沟闭合不全而功能也逐步退化，采食的植物性饲料就直接进入瘤胃进行发酵磨碎。

2. 网胃（蜂巢胃） 网胃位于瘤胃前侧的膈顶层面，其功能与瘤胃相近，内壁与蜂巢结构相似，故称蜂巢胃。瘤胃与网胃合称为瘤网胃，其相互之间界限由瘤-网胃褶分隔。

3. 瓣胃 瓣胃内由大小不一的 80～100 多片黏膜组成的瓣叶，从断面看非常像一叠叶片，所谓牛百叶就是指牛的瓣胃。瓣胃在犊牛出生后迅速发育，其功能具有将网胃输送过来的食糜中的有机酸和水分进行吸收，将柔软的部分输送到皱胃。犊牛在哺乳期，因为瘤胃发育不全，为避免牛奶进入瘤胃和网胃时造成牛奶发酵，牛奶由口腔经食管与瓣胃之间的网胃壁上有 1 条食管沟，直接进入瓣胃，再经过瓣胃管进入皱胃。

4. 皱胃 牛的 4 个胃中惟一分泌胃液的就是皱胃，其胃液主要成分是盐酸、胃蛋白酶和凝乳酶。饲料在皱胃中得到消化和部分吸收。犊牛在哺乳期间，皱胃是承担犊牛生长发育的主要消化器官功能，所以比较发达，占 4 个胃全部容积的 80%。随着采食植物性饲料数量的增多，刺激瘤胃、网胃和瓣胃的快速发育，到成年后皱胃的容积仅占 4 个胃总容积的 7.5%。

（三）小肠和大肠 由于牛的小肠和大肠长度较长，其长度与体长比例可达 25～28 : 1，正是由于肠管较长，饲料在肠道存留的时间也比较长，饲料在肠道内可以得到充分地消化吸收。饲料在肠道内留存一般 7～8 天,最久能达 10 天之久。因为有这样的特点,牛对饲料的消化率较其他家畜高。

牛小肠可分为 3 段:十二指肠、空肠和回肠,总长度为 35～40 米。饲料中的营养物质,如蛋白质、脂肪和糖,基本上是在经过小肠时得到消化和吸收的。

牛大肠由盲肠、结肠和直肠组成,长度约为 10 米。其作用是继续对饲料进行消化吸收,同时也可以吸收饲料的大部分水分,大肠内的细菌还可以合成机体需要的一些维生素。

二、特殊的消化生理及消化作用

(一)食管沟反射　食管沟反射是反刍动物所特有的生理现象,但这种生理现象仅在幼年哺乳期间才具有。食管沟起始于食管和瘤胃结合部——贲门,经瘤胃、网胃直接进入瓣胃。当犊牛吸吮乳汁时,会导致食管沟发生闭合,这种闭合就称为食管沟反射。食管沟闭合后乳汁通过食管沟直接进入瓣胃和皱胃,防止因乳汁流经瘤胃和网胃发生发酵反应,造成消化道疾病。一般情况下,随着犊牛采食植物性饲料的增加,食管沟反射也逐渐消失,最后导致食管沟退化。

(二)反刍　反刍是牛消化的最大的特点,瘤胃通过逆蠕动,将食团通过逆呕到口腔中,饲料通过再咀嚼磨碎与唾液混合,再次送回瘤胃的过程就叫做反刍。反刍是牛对纤维性饲草消化过程中的一种补充现象。牛的反刍时间和频率受饲草质量、年龄和精饲料种类等影响。采食粗劣的牧草反刍时间和频率就会增加,成年牛反刍次数明显低于犊牛,精饲料比例高时反刍次数和时间也将减少。其他的生理现象也会影响反刍时间和次数。如发情、分娩、饥饿和疾病等。

(三)瘤胃发酵及嗳气　牛的瘤胃和网胃中寄存有数量巨大的微生物和原虫,通过这些微生物和原虫的作用导致饲草在瘤胃和网胃中产生大量的挥发性脂肪酸及各种气体(如一氧化碳、二氧化碳、硫化氢、氨气等)。由于这些气体鼓胀的作用刺激胃壁,导致瘤胃逆向蠕动,推送气体由食管排出,这种生理现象就称为嗳气。牛只有不断地通过嗳气,才能将气体排出体外,以防止瘤胃内产生的大量气体而发生臌胀,这是牛的一种自我保护的生理现象。据资料,牛在采食后 0.5～2 小时后即可达到产气高峰,每次嗳气排出量为 0.5～1.7 升,每小时嗳气 17～20 次,每小时嗳气高达 34 升左右。

(四)瘤胃和网胃的消化作用 正常情况下瘤胃 pH 值保持在 5.5～7,温度为 39℃～41℃,非常适合许多酶类活动和微生物的生长和繁殖。瘤胃和网胃就是利用这些酶类和微生物来完成复杂的消化过程的。

1. 生产大量的挥发性脂肪酸(VFA) 瘤胃将饲草中的植物性纤维素经微生物等作用,最终形成挥发性脂肪酸。它是机体活动的主要能源,合成体脂及乳脂的原料。

2. 可转化或合成高品质蛋白质菌体 饲料中的植物蛋白质在瘤胃中微生物的作用下,被分解为多肽和氨基酸,其中一些氨基酸又进一步被降解为有机酸、氨和二氧化碳。瘤胃中的微生物又利用经植物蛋白质降解的氨和一些小分子的多肽以及自由氨基酸,再合成高品质蛋白质菌体。这些高品质蛋白质菌体进入皱胃和十二指肠后消化吸收被机体所利用。

3. 合成维生素 瘤胃中的微生物可以利用饲料合成自身所需要的 B 族维生素和维生素 K。但无法合成维生素 B_{12},所以在饲料中要添加足够数量的钴元素,以保证机体所需合成维生素 B_{12} 的原料。

4. 水解、合成脂肪 瘤胃中的脂肪水解酶可以将不能被机体利用的脂肪降解为能被机体所利用的脂肪酸,并且还能合成大量的脂肪,从而被利用到体脂和乳脂中。

第二章 肉牛的饲养管理技术

第一节 肉牛的营养需要

维持肉牛生命和生长发育所需的营养主要包括 5 个方面：能量、蛋白质、矿物质、维生素和水分。当这 5 种营养供应充足均衡就能够保证肉牛的生长、繁育的正常进行，如果供应失衡就会导致肉牛生长受阻、发育不良、不能完成繁殖，甚至出现死亡。

一、能量需要

动物整个生命活动都离不开能量，如呼吸、心跳等。一旦能量供应短缺，就会导致肉牛体重减轻、生长缓慢、抵抗力下降等。肉牛所需要的能量来自饲料，饲料中的碳水化合物、蛋白质以及脂肪都能转化为肉牛生长发育所需要的能量，其中，碳水化合物是最主要的能量营养来源，饲料中的碳水化合物主要来源于玉米等谷物饲料。

肉牛的能量需要可分为维持需要和增重需要，但由于饲料转化为维持需要的能量和增重需要的能量效率不同，造成计算肉牛能量需要的困难。因此，在应用中引入综合净能这个指标衡量肉牛的能量需要或评定饲料的能量价值。此外，我国饲养标准中还常常使用肉牛能量单位（RND）表示能量价值，即以 1 千克标准玉米所含的综合净能 8.08 兆焦为 1 个肉牛能量单位（RND）。通过查肉牛饲养标准我们能知道肉牛不同生长阶段的能量需要量。

二、蛋白质需要

蛋白质由各种氨基酸组成,是肉牛组织细胞的重要组成成分,也是机体功能物质的主要成分,新生犊牛和架子牛蛋白质含量接近 20%,育肥牛 13% 左右。蛋白质缺乏会导致肉牛生长受阻、发育不良等。肉牛所需要的蛋白质来自于饲料中动物性、植物性蛋白饲料,其中大豆饼(粕)、棉籽饼(粕)等植物蛋白饲料是肉牛所需蛋白质的主要来源。此外,由于肉牛瘤胃微生物能利用尿素等非蛋白氮合成菌体蛋白,因此,饲喂非蛋白氮也能满足肉牛部分蛋白质需要。

肉牛蛋白质的需要量有多种评定体系,目前肉牛饲养上主要还是应用饲料的粗蛋白质评价体系。肉牛的蛋白质需要量因品种和生长阶段不同而不同,肉牛的蛋白质需要量可参考对应的饲养标准。

三、矿物质需要

矿物质是动物体内含量不高,但作用巨大的物质。随着肉牛舍饲的增加,肉牛因矿物质的缺乏或不足的症状或特征比较明显地凸显出来。如犊牛生长迟缓、育肥牛日增重降低、母牛繁殖性能下降等;但是矿物质元素过量同样也会带来危害,如犊牛饲喂过量的钾,会导致肌肉软弱,血液循环紊乱,肢端水肿和死亡。因此,在补充矿物质元素时一定要注意需要量的范围。因玉米和豆粕等大宗原料不能够满足肉牛对矿物质的需要量,往往需要单独添加。矿物质常常根据在动物机体的存在浓度分为常量元素(>100 毫克/千克)和微量元素(<100 毫克/千克)。

(一)主要常量元素及需要量

1. 钙和磷 钙、磷是肉牛体内分布最广的元素,是组成骨骼和牙齿的主要成分。另外,磷还是能量物质三磷酸腺苷的重要成分。缺少钙、磷会导致肉牛生长缓慢,并容易发生佝偻病等。但钙、磷过多与不足同样有害,钙过多,会抑制磷、镁、锌等矿物质元素的吸收,软组织钙化等。钙磷比例在1:1～7比较合理,肉牛对钙、磷需要量可参考饲养标准。肉牛补充钙、磷主要通过饲喂矿物质饲料,其中,石粉可以提供钙源;磷酸二氢钠和磷酸氢二钠能够提供磷源;而磷酸钙盐、骨粉等既能提供钙又能提供磷。

2. 氯和钠　氯和钠分别是肉牛体液的主要阴离子和阳离子,对维持肉牛体液的渗透压、调控水平衡及酸碱平衡具有重要作用。氯和钠的缺乏可导致肉牛采食量下降、生长受阻。据报道,肉牛氯的需要量为 0.038%,对钠的需要量为日粮干物质的 0.06%～0.1%。生产中主要通过饲喂食盐来补充肉牛所需的氯和钠。

3. 硫　硫是蛋氨酸、胱氨酸、半胱氨酸以及 B 族维生素的重要组成成分。蛋氨酸是肉牛的限制性氨基酸。硫缺乏可导致瘤胃微生物合成氨基酸和蛋白质的过程受到影响,并出现肉牛生长速度下降。肉牛对硫元素的需要量为日粮干物质的 0.5%,可通过饲喂硫酸钠等含硫化合物补充肉牛所需。

4. 镁和钾　一般情况下肉牛不会出现缺钾和镁,但是在饲喂较高水平的精饲料时,应注意适当饲喂氧化镁、硫酸镁、氯化钾等化合物以补充镁和钾。

(二)主要微量元素及需要量

1. 铜　铜是很多酶的重要组成成分。缺乏会导致贫血、骨异常、腹泻等。肉牛日粮中铜的补充量为 4～10 毫克/千克,常用的原料为硫酸铜。

2. 铁　铁参与血红蛋白、细胞色素、过氧化物酶等多种重要化合物的合成。缺乏会引起犊牛生长受阻,血红蛋白合成不良,出现低血色素小细胞性贫血。肉牛日粮中铁的添加量为 50～100 毫克/千克,常用的原料为硫酸亚铁。

3. 锰　锰是多种酶的组成成分与活化剂,对肉牛生长、繁殖以及血液形成有重要影响。缺锰会导致母牛发情不规则,排卵停滞等。肉牛日粮中锰的添加量为 20～50 毫克/千克,常用的原料为硫酸锰。

4. 钴　钴是肉牛瘤胃微生物合成维生素 B_{12} 的重要原料。钴的缺乏症主要表现为维生素 B_{12} 的缺乏,如食欲减退,极度消瘦;出现贫血症状,皮肤淤血、黏膜苍白等。肉牛日粮中钴的添加量非常少,仅为 0.07～0.11 毫克/千克,常用的原料为氯化钴。

5. 硒　硒为肉牛维持生长和生育力所必需。缺硒会导致肉牛生产力低下,母牛繁殖率低下以及母牛产后胎盘滞留。肉牛日粮中硒的添加量也非常少,仅为 0.05～0.30 毫克/千克,并且需要量与中毒量间的差距较窄,极易发生硒中毒,故添加时须谨慎。常用的原料为亚硒酸钠。

6. 碘　碘是甲状腺的主要组成成分。缺碘会导致甲状腺分泌受限制,使基础代谢率下降,公牛精液质量变劣,犊牛生长缓慢等。肉牛日粮中碘的添加量为 0.2～2 毫克/千克,常用的原料为碘化钾。

四、维生素需要

维生素也是需要量很少,但是对肉牛生长发育有着重要作用的营养物质。维生素分脂溶性维生素和水溶性维生素两类。

(一)主要脂溶性维生素

1. 维生素 A　维生素 A 在维持暗视觉和合成黏多糖中起重要作用。缺乏会导致夜盲症以及公牛不育或繁殖力下降等。肉牛对维生素 A 的需要量一般按 1 千克饲料干物质 2 200 单位计算。肉牛一般通过饲喂含有维生素 A 的饲料或者胡萝卜来满足需要。

2. 维生素 D　肉牛对维生素 D 的需要量为每千克饲料干物质 275 单位。可通过饲喂维生素 D 来补充需要。但在生产中由于维生素 D 较贵,往往通过让牛多运动并接受阳光照射就能达到补充维生素 D 的效果。

3. 维生素 E 维生素 E 在肉牛体内主要起抗氧化作用。缺乏可导致生长缓慢,肌肉萎缩或发生白肌病等。每头肉牛每天需要维生素 E 300～1 000 单位。可通过饲喂含维生素 E 的日粮来满足需要。

(二)主要水溶性维生素 水溶性维生素包括所有 B 族维生素和维生素 C。B 族维生素有硫胺素(B_1)、核黄素(B_2)、烟酸、烟酰胺、泛酸、吡哆醇(B_6)、叶酸、氯化胆碱、肌醇、生物素、钴胺素(B_{12})等。6 月龄以前的犊牛瘤胃尚未充分发育,需要在代乳料中补充 B 族维生素和维生素 C。肉牛瘤胃发育后瘤胃中的微生物能够合成 B 族维生素和维生素 C 来满足肉牛的生长发育需要。

五、水分的需要

水是肉牛所需的重要营养物质之一,也是肉牛机体的主要组成成分,新生犊牛体重的 70% 多是水。饮水不足可导致肉牛采食量显著下降,生长明显受阻等。肉牛不同的生长阶段对水的需求量是不同的,让牛自由饮用即可。

第二节 犊牛的饲养管理

一、犊牛的饲养

一般把初生至断奶前这段时期的小牛称为犊牛。犊牛的组织器官正处于发育阶段,其生理功能和自我调节机制尚不健全,环境和饲养管理技术会直接影响犊牛的健康、成活率和产肉性能。因此,在生产实践中应注意下面几个环节。

(一)安全接生 母牛分娩前,应先检查胎位是否正常,胎位正常时一般不进行人工接产,尽量让母牛自行分娩。当遇到母牛难产时要及时助产,在助产中不能强行牵拉犊牛,防止因过度用力造成出生犊牛死亡。

1. 清除黏膜　犊牛出生后,应尽快清除犊牛口及鼻孔附着的黏液,并轻压肺部,以防黏液进入气管妨碍呼吸。当犊牛已经吸入黏液并造成呼吸困难时,可将犊牛头部向下倒置并拍打其胸部,促使吸入气管中的黏液排出。其次是在气温较低的春冬、秋冬交际和冬季,要及时用干净布或干草擦干擦净犊牛体躯上的黏液,也可让母牛舔干净犊牛身上的黏液,以免受凉感冒造成肺炎。

2. 断脐带　出生犊牛离开母体后,如其脐带尚未自然扯断,可用消毒剪刀距犊牛腹部 10~12 厘米处剪断脐带,挤出剩余脐带中的血液,用 5% 的碘酊浸泡 1~2 分钟消毒,以免感染发炎。

3. 做记录　对出生后的犊牛要进行称重、佩戴耳标、照相、填写出生记录等。

(二)喂初乳　初乳是指母牛分娩后 7 天内,特别是 5 天内所分泌的乳。初乳色深黄而黏稠,干物质总量比常乳含量高 1 倍,尤其是蛋白质、灰分和维生素 A 的含量均较高。特别是初乳中含有大量免疫球蛋白,它对增强犊牛的抗病力起关键作用。初乳中含有较多的镁盐,有助于犊牛排出胎便,初乳中还含有各种维生素,对犊牛的健康和发育起着重要的作用。

为保证犊牛获得正常免疫力和生长必需的营养,应在犊牛出生后 1 小时内吃到初乳,最迟不超过 2 小时。一般犊牛出生后 0.5~1 小时,便能自行站立,此时要辅助犊牛吸吮母乳。具体做法是:将犊牛头引至乳房下,挤出乳汁于手指上,让犊牛舔食,并引至乳头,使犊牛吮乳。第一次要尽量让犊牛吃饱,喂量最低不少于 1 千克,每天喂量为牛体重的 1/8~1/6,每天喂 3 次以上。

肉用犊牛一般采取随母哺乳,若犊牛随母哺乳有困难,则需人工辅助哺乳。一般用奶桶或奶瓶饲喂,每次饲喂量为 1~2.5 千克,每天喂量占体重的 12%~16%。人工加热奶要采取隔火加热,温度过高会影响奶中的营养成分,一般温度保持恒温 38℃左右为宜,奶温度过低容易导致犊牛腹泻。挤出的初乳应立即喂,5天后逐渐过渡到饲喂常乳或犊牛代乳粉。

若母牛产后生病死亡,可由同期分娩的其他健康母牛代哺初乳。在没有同期分娩母牛初乳的情况下,可配制人工乳来饲喂,其配方按鲜牛奶 1 千克,生鸡蛋 2~3 个,新鲜鱼肝油 30 毫克,食盐 20 克,充分拌匀,隔水加热至 38℃;也可喂给牛群中的常乳,但每天需补饲 20 毫升的鱼肝油,另给 50 毫升的植物油以代替初乳的轻泻作用。

喂奶时速度一定要慢,每次喂奶时间应在 1 分钟以上,以免喂奶过快而造成部分乳汁流入瘤网胃,引起消化不良。

(三)哺乳 犊牛经喂 1 周左右初乳后,即可用常乳饲喂,一般每天喂 2 次,喂量为犊牛体重的 10% 左右。犊牛哺乳期一般为 4~6 个月,前 2 个月喂全乳,以后改为脱脂乳,总哺乳量为 600~800 千克。也有将犊牛哺乳期缩短为 3 个月,总哺乳量为 400~500 千克,其中第一个月占 45%,第二个月占 35%,第三个月占 20%。在整个哺乳期间,要逐渐增加植物性饲料的饲喂量。

1. 随母哺乳法 让犊牛和其生母在一起,从哺喂初乳至断奶一直自然哺乳。为了给犊牛早期补饲,促进犊牛发育和诱发母牛发情,可在母牛栏的旁边单独设犊牛补饲间,使大母牛与犊牛在补饲期间暂时隔开。

2. 保姆牛法 选择健康无病、气质安静、乳及乳头健康的同期分娩母牛做保姆牛。具体做法是将犊牛和保姆牛安置在隔有犊牛栏的同一牛舍内,每天定时哺乳 3 次。犊牛栏内要设置饲槽及饮水器。

3. 人工哺乳法 此方法主要是针对失去母亲的犊牛或奶牛场淘汰的公犊牛。新生犊牛结束 5~7 天的初乳期后,可人工哺喂常乳或代乳粉。犊牛的哺乳量可参考表 2-1。5 周龄内日喂 3 次;

6周龄以后日喂2次。喂后立即用消毒的毛巾擦嘴,缺少奶壶时,也可用小奶桶哺喂。

表2-1　　不同周龄犊牛的参考哺乳量　(单位:千克)

类　别	周　　龄					
	1～2	3～4	5～6	7～9	10～13	14以后　全期用奶
	日		喂	量		
小型牛	4.5～6.5	5.7～8.1	6.0	4.8	3.5	2.1　　540
大型牛	3.7～5.1	4.2～6.0	4.4	3.6	2.6	1.5　　400

(四)早期补饲植物性饲料　当犊牛在放牧场采用随母哺乳时,要视草场质量根据饲养标准配合日粮对犊牛进行适当的补饲,促使犊牛早期采食植物性饲料,这样既能满足犊牛的营养需要,又能促进犊牛瘤网胃发育,有利于犊牛的早期断奶。

1. 干草　犊牛从7～10日龄开始,训练其采食干草。在犊牛栏的草架上放置优质干草,供其采食咀嚼,可防止其舔食异物,促进犊牛发育。具体方法是:给犊牛栏内放置优质干草和青草,任其练习自由采食。

2. 精饲料　从犊牛出生后1周开始,可开始训练其采食固体饲料,促进瘤胃的发育。犊牛生后15～20天,开始训练其采食精饲料。犊牛喂料量可参考表2-2。因初期采食量较少,料不应放多,每天必须更换,以保持饲料新鲜及饲槽的清洁。最初每日每头喂干粉料10～20克,多以粉料形式或拌入奶中供给,也可将精料涂抹在犊牛的上唇、口角、鼻镜处或放入奶桶内,任其自由舔食。当犊牛适应一段时间后,逐渐增至80～100克,1月龄时喂量250～300克,2月龄时喂500克左右。等适应一段时间后再喂以混合湿料,即将干粉料用温水拌湿,经糖化后给予,饲喂量可随日龄的增加而逐渐加大。开始饲喂精饲料时,每天喂量在20克左右,每天喂量以不腹泻为原则。数日后可增加至 80~100 克。精饲料中应包括钙、磷、微量元素和维生素 A 及维生素 E 等。

表 2-2   不同日龄犊牛补饲参考量

日　龄	喂　　量				
	喂奶量			喂料量	
	日喂量 (千克)	日喂 次数	总　量 (千克)	日喂量 (千克)	总　量 (千克)
1~7	4~6	3	28~42	0	0
8~15	5~6	3	40~48	0.2~0.3	1.42~2.1
16~30	6~5	3	75~90	0.4~0.5	3.2~4.0
31~45	4~3	2	45~60	0.6~0.8	9~12
46~60	3~2	1	30~45	0.9~1.0	13.5~15
合　计			240~262		27.1~33.1

精饲料采食的训练是能否实现早期断奶的关键,其精饲料配方可参考表 2-3。

表 2-3   犊牛精饲料参考配方

饲料名称	配方 1	配方 2	配方 3	配方 4
干草粉颗粒	20	20	20	20
玉米粗粉	37	22	55	52
糠　粉	20	40	—	—
糖　蜜	10	10	10	10
饼粕类	10	5	12	15
磷酸二氢钙	2	2	2	2
其他微量盐类	1	1	1	1
合　计	100	100	100	100

3. 多汁饲料   犊牛生后 20 天,可在混合精料中加入 20~25 克切碎的胡萝卜,以后逐渐增加。无胡萝卜,也可饲喂甜菜和南瓜

等,但喂量应适当减少。

4. 青贮饲料　当犊牛到 2 月龄时,可训练饲喂青贮饲料,最初每天 100～150 克;3 月龄可喂到 1.5～2 千克;4～6 月龄增至 4～5 千克。

(五)饮水　犊牛在哺乳期间一定要供给充足的饮水。在犊牛出生喂奶 12 小时后,要供给 38℃左右的温开水,以后自由饮水。10 天以内给予 36℃～37℃温开水,10 天以后水温可逐步降低,最后达到常温。犊牛 1 月龄后可在运动场内备足清水,任其自由饮用,但水温一般不能低于 15℃。

(六)断奶　在母牛妊娠后期和犊牛出生后 3 个月的这段时间内,若饲料中营养不足,犊牛生长发育就会受阻,以后难以进行补偿生长,最后长成"大头牛"。所以,必须供给充足全价营养物质,满足犊牛生长发育的需要。不论是随母哺育犊牛,还是人工哺育犊牛,在断奶前均应补饲配合精料。

当犊牛在 3～4 月龄时,能采食 0.5～0.75 千克开食料,即可断奶;若犊牛体质较弱,可适当延长哺乳时间,增加哺乳量。犊牛随母哺育时,传统断奶时间为 6～7 月龄。哺乳后期,可供应大量优质青干草任犊牛自由采食。

犊牛在任何时期断奶,最初几天体重都会下降,属正常现象。小牛断奶后 10 天内仍采取单独的圈栏饲喂,直到小牛没有吃奶要求为止。在断奶后,用配合精料逐渐代替开食料,青贮饲料任其自由采食,精饲料用量占日粮的 20%～40%。

二、犊牛的管理

(一)保温防寒　在我国北方的冬季气温寒冷,要注意犊牛舍的保暖,舍内温度要保持在 0℃以上。在犊牛躺卧的地方要铺一些柔软、干净的垫草,栏内要经常保持卫生,做到勤打扫、勤更换垫草、定期消毒。犊牛舍内要保持通风良好,采光充足。

(二)哺乳卫生 哺乳壶或桶用后要及时清洗干净,定期严格消毒,防止消化系统疾病。要做到每头犊牛1个奶嘴和1条毛巾,不能混用,以防止传染病的传播。每次喂完奶后用干净专用毛巾把犊牛口鼻周围残留的乳汁擦干,用颈枷或缰绳将犊牛拴系住10多分钟后再放开活动,以免养成犊牛吃完奶后互相乱舔的坏习惯,不利于传染病的预防。

(三)母仔分栏 犊牛栏分单栏和群栏两种。犊牛出生后即在靠近母牛栏设单栏管理。一般1月龄后才过渡到群栏。同一群栏犊牛的月龄应一致或相近,不同月龄的犊牛对饲料、环境温度等要求不尽相同,若混养在一起会造成管理混乱,对犊牛生长等都会带来不利的影响。

(四)刷拭 犊牛的皮肤薄,免疫功能弱,当皮肤不洁净或者外伤后容易感染,特别是日常的皮肤易被粪便及尘土所黏附而形成皮垢,降低了皮毛的保温与散热力,不利于皮肤健康。一般是每天对犊牛刷拭2次,可保持犊牛身体清洁,防止体表寄生虫的孳生,促进皮肤血液循环,增强皮肤代谢,有利于生长发育,同时可使犊牛养成温驯的性格。

(五)运动与放牧 运动对促进犊牛的采食量和健康发育都很重要。有条件的地方应安排适当的运动场地或放牧场,场内要常备清洁的饮水,在夏季还须有遮阳设施。

犊牛从出生后8～10日龄起,即可开始在圈舍外做短时间的运动,随着月龄的增长可逐渐延长舍外运动时间。可根据季节和气温的变化,掌握每日运动时间。夏季犊牛出生后3～5天,冬季犊牛出生后10天即可进行舍外运动。初期一般每天运动0.5～1小时,1月龄后每日2～3小时,上、下午各1次。

在有放牧条件的地方,可以在30日龄后再开始放牧。但在40日龄前,犊牛对青草的采食量极少,在此时期与其说是放牧不如说是运动。

(六)预防疾病 犊牛比较容易患病,尤其是在出生后的头几周。主要原因是犊牛免疫功能不健全,抗病力较差。主要容易患肺炎和腹泻。所以,平时要注意观察犊牛的精神状态、食欲和行为表现有无异常。

1. 保温 环境温度发生骤变最易引起犊牛肺炎,做好犊牛保温工作是预防肺炎的有效措施。

2. 防腹泻 犊牛的腹泻可分两种。第一种是病原性微生物所造成的腹泻,预防的办法主要是注意犊牛的哺乳卫生,哺乳用具要严格清洗消毒,犊牛栏也要保持良好的卫生条件。第二种是营养性腹泻,其预防办法是注意奶的喂量不要过多,温度不要过低,代乳品的品质要合乎要求,补喂精饲料的品质要好。

第三节 育成牛的饲养管理

从犊牛断奶至第一次配种的母牛或做种用之前的公牛,统称为育成牛。公、母犊牛在饲养管理上几乎相同,但进入育成期后,二者在饲养管理上则有所不同,这一阶段是生长发育最迅速的阶段,精心的饲养管理,不仅可以获得较快的增重速度,而且可使育成牛得到良好的发育,在饲养管理上必须按不同月龄和发育特点予以区别对待。

一、育成牛的饲养

(一)育成母牛的饲养

1. 性成熟期(6～12 月龄) 在此时期,母牛的性器官和第二性征发育很快,体躯向高度和长度两个方向急剧生长,同时,其前胃已相当发达,容积扩大 1 倍左右。因此,在饲养上要求既要能提供足够的营养,又必须具有一定的容积,以刺激前胃的生长。所以,对这一时期的育成牛,除给予优质的干草和青饲料外,还必须补充一些混合精饲料,精饲料比例占饲料干物质总量的30%～40%。

2. 消化系统快速发育期(12～18月龄) 此期育成牛的消化系统加快发育,容积进一步增大,为促进和适应消化器官的生长需要,日粮中应以青、粗饲料为主,其比例约占日粮中干物质总量的75%,其余25%为混合精料,以补充能量和蛋白质的不足。

3. 配种受胎期(18～24月龄) 此期肉用母牛具备配种受胎的成熟条件,生长发育强度逐渐减缓,体躯发育明显向宽深方向发展。如日粮中营养太过丰富,体内容易蓄积过多脂肪,容易造成不孕;但若日粮中营养过于贫乏,又会导致牛体生长发育受阻,对配种受胎不利。因此,在配种受胎期应以优质干草、青草或青贮饲料为基本饲料,精饲料可少喂甚至不喂。但到妊娠后期,由于体内胎儿生长迅速,则须补充混合精饲料,一般每天补充混合精饲料为2～3千克。

育成牛在草质优良的草地上放牧,精饲料可节省30%～50%。收牧后可补喂一些干草和适量精饲料。

(二)育成公牛的饲养 育成公牛的生长发育比母牛快,需要以补饲精饲料的形式提供更多的营养物质,以促进其生长发育和性欲的发展。对育成种用公牛的饲养,应在满足一定量精饲料供应的基础上,令其自由采食优质的青、粗饲料。6～12月龄,粗饲料以青草为主时,青、粗饲料占饲料干物质的比例为55∶45;以干草为主时,其比例为60∶40。在饲喂豆科或禾本科优质牧草的情况下,对于周岁以上育成种用公牛,混合精料中粗蛋白质的含量以12%左右为宜。肉用育成公牛如不作为种用,可采取直线育肥和吊架子方法进行饲养。

二、育成牛的管理

(一)育成母牛的管理 育成母牛不能与成年母牛、育成公牛合群管理。应采取拴系、围栏分群管理。每天刷拭 1～2 次,每次 5 分钟。同时,要加强运动,促进肌肉组织和内脏器官进一步发育。配种受胎 6 个月后,采取按摩乳房的方法,以利于乳腺组织的发育,且能养成母牛温驯的性格。一般早、晚各按摩 1 次,产前 1～2 个月停止按摩。

(二)育成公牛的管理　育成公牛应与成年母牛、育成母牛分群隔离管理。留种公牛 6 月龄要带笼头拴系管理,到 8～10 月龄时就应进行穿戴不锈钢鼻环,并用皮带沿公牛额部固定在角基部。对种用公牛的管理,必须每天坚持运动,上、下午各进行 1 次,每次 1.5～2 小时,行走距离 4 千米,运动方式有旋转架、套爬犁、拉车和驱赶行走等。在运动时,应坚持左右侧双绳牵导。对性情暴烈的公牛,需用勾棒牵引,由一人牵住缰绳的同时,另一人两手握住勾棒一端,另一端勾搭在鼻环上以控制其行动,防止公牛顶撞伤人。实践证明,运动不足或长期拴系,会使公牛性情变劣,精液质量下降,易患肢蹄病和消化道疾病等。但运动过度或使役过劳,对牛的健康和精液质量同样有不良影响。每天保持刷拭 2 次,每次刷拭 10 分钟,经常刷拭不但有利于皮肤卫生,还有利于人、牛亲和,且能达到调教驯服的目的。此外,洗浴和修蹄也是管理育成公牛的一项重要措施。肉用育肥公牛运动量不宜过大,以免因体力消耗太大影响育肥效果。

第四节　肉用母牛的饲养管理

加强肉用种母牛的饲养管理,保障母牛较高的受胎率和所产犊牛质量好,初生重、断奶重大,断奶成活率高。

一、肉用妊娠母牛的饲养管理

肉用母牛受胎后,不仅自身生长、胎儿发育的营养需要,还要为产后哺乳犊牛进行营养蓄积。因此,要加强肉用妊娠母牛的饲养管理,保障胎儿正常发育、生产健康犊牛和正常哺乳。

(一)肉用妊娠母牛的饲养　　母牛在妊娠初期,由于胎儿生长发育较慢,其营养需求较少,一般按空怀母牛的营养标准进行饲养。母牛妊娠到中后期胎儿发育速度加快,其营养需求也增加,尤其是妊娠最后的2～3个月,加强营养显得特别重要,这期间的母牛营养直接影响着胎儿生长和本身营养蓄积。如果此期营养缺乏,容易造成犊牛初生重低,母牛体弱和奶量不足。严重缺乏营养,会造成流产或胎儿死亡。

舍饲肉用妊娠母牛,要根据母牛的妊娠月份及时调整日粮配方。对于放牧饲养的肉用妊娠母牛,多采取选择草质优质的草场,适当延长放牧时间,牧后补喂精饲料等方法来满足肉用妊娠母牛的营养需求。在生产实践中对妊娠后期的母牛,一般每天放牧后补喂1～2千克精饲料。要注意防止妊娠母牛过肥,尤其是头胎青年母牛,更应防止因营养过度,以免发生难产。在正常的饲养条件下,使肉用妊娠母牛保持中等膘情即可。

(二)妊娠母牛的管理　　在肉用母牛妊娠期间,特别是放牧的妊娠母牛,重点做好保护胎儿的防范措施,防止妊娠母牛流产、早产。

1. 分群　　将妊娠后期的肉用母牛同其他牛群分别组群,单独在圈舍附近的草场放牧。

2. 防挤撞　　放牧时不要鞭打或暴力驱赶,防止牛群惊慌造成母牛之间互相挤撞。

3. 防滑倒　　不要在雨雪天气放牧和在结冰地面进行驱赶运动,防止滑倒。

4. 注意饮食　　不要在有露水的草场上放牧,也不要让牛采食大量易产气的幼嫩豆科牧草,严禁饲喂霉变饲料,不饮带冰碴水。

舍饲的肉用妊娠母牛应每日运动2小时左右,以免过肥或运动不足影响分娩。

二、肉用哺乳母牛的饲养管理

(一)舍饲哺乳母牛的饲养管理　母牛产犊 10 天内,尚处于体恢复阶段,母牛食欲不好、消化功能降低,要适度限制精饲料及根茎类饲料的喂量,特别是限制精饲料饲喂量。因此,对于产犊后体况过肥或过瘦的母牛必须适度调整日粮的营养标准。对体弱母牛,产后 3 天内应喂优质干草,4 天后可喂给适量的精饲料和多汁饲料,可根据母牛乳房及消化系统的恢复状况,逐渐增加给料量,但每天增加精饲料量不得超过 1 千克。

在饲养肉用哺乳母牛时,应正确安排饲喂次数。研究表明:2 次饲喂比 3 次和 4 次饲喂的日粮营养物质的消化率降低 3.4%,综合衡量劳动力消耗和营养物质消化率,一般每天喂 3 次为宜。

(二)放牧哺乳母牛的饲养管理　夏季牧草生长旺盛,适口性和营养较好,并含有丰富的粗蛋白质、各种必需氨基酸、维生素、酶和微量元素。在有放牧条件的地方对肉用哺乳母牛可采取放牧管理,可获得充足运动和阳光浴及牧草中所含的丰富营养,对本身的新陈代谢,改善繁殖功能,增加了母牛和犊牛对疾病的抵抗能力,同时提高了母牛的泌乳量,对犊牛健康也十分有利。有研究表明:经过放牧的牛体内血液中血红素的含量明显增加,机体内胡萝卜素和维生素 D 等储备较多。肉用哺乳母牛在放牧饲养前应做好以下几项准备工作。

1. 设备准备　在放牧季节到来之前,要检修圈舍、篱笆、遮荫休息点,检查饮水设备是否完好,整修牧道,消除放牧场的各种安全隐患等。

2. 牛群的准备　修蹄、去角、驱除体内外寄虫、称重、检查标识是否完好健全、根据生产阶段进行组群等。

3. 饲喂过渡准备　母牛从舍饲到放牧一般需 7～8 天的过渡

期。在过渡期内要用粗饲料、半干贮及青贮饲料预饲,日粮中要含有足量的粗纤维饲料和一定量的鲜绿饲料,让母牛的消化道逐步适应放牧的饲料环境。若冬季日粮中多汁饲料很少,过渡期适当延长,一般 10~14 天。放牧时间采取逐步延长的方法,开始每天从放牧 2~3 小时,并补充 2 千克以上的干草,以后逐渐过渡到每天放牧 12 小时。

4. 预防疾病　为了预防青草抽搐症,不宜对草场施用过多钾肥和氮肥,应在易发本病的地方增施硫酸镁。

5. 补盐　由于牧草中含钾盐多,含钠盐少,因此要特别注意食盐的补给,以保持牛体内的钠、钾平衡。补盐方法:可配合在母牛的精饲料中喂给,也可在母牛饮水的地方设置盐槽,供其自由舔食。

第三章　肉牛育肥技术

第一节　犊牛育肥

犊牛育肥又称"小白牛"肥育。专指犊牛出生后 5 个月内,在特殊饲养条件下,仅饲喂全乳或部分脱脂乳等液体饲料,不喂草料,弱化前胃发育,促进真胃消化功能。当犊牛体重至 90～150 千克时进行屠宰的育肥方式。育肥后的犊牛肉颜色浅淡,风味独特,肉质鲜嫩多汁,是属于最高档的牛肉产品。由于"小白牛肉"生产受诸多因素影响,国内尚无商品化生产。

一、犊牛选择

(一)品种　为方便组织生产和提高商品率,一般选择利用奶牛所产不作种用的公牛犊进行育肥。在我国,多以荷斯坦奶牛公犊为主,主要原因是荷斯坦奶牛公犊前期生长快、育肥成本低,且便于组织生产。

(二)性别、年龄与体重　一般选择初生重不低于 35 千克、无缺损、健康状况良好的初生公牛犊。

(三)体型外貌　选择头方大、前管围粗壮、蹄大的公牛犊。

二、育肥技术

(一)饲料　当犊牛一旦采食草料后其肉色会变暗,不受消费者欢迎,为此犊牛肥育不喂精饲料、粗饲料,主要以全乳或代乳品作为育肥饲料。

常用代乳品的参考配方如下。

1. 丹麦配方 脱脂乳 60%～70%；猪油 15%～20%；乳清 15%～20%；玉米粉 1%～10%；矿物质、微量元素 2%。

2. 日本配方 脱脂奶粉 60%～70%；鱼粉 5%～10%；豆饼 5%～10%；油脂 5%～10%。

(二)饲　喂

1. 温度 1～2 周龄时饲喂的代乳品温度为 38℃左右，以后为 30℃～35℃。

2. 全乳 饲喂全乳，也要加喂油脂。为更好地消化脂肪，可将牛乳均质化，使脂肪球变小，如能喂当地的黄牛乳、水牛乳，效果会更好。

3. 饲喂量 每天喂 2～3 次，总量最初为 3～4 千克，育肥饲喂量要随着公牛犊周龄的增长而增加。当犊牛达 4 周龄后，在饲喂量上应满足供应，犊牛能吃多少就喂多少。以代乳品为饲料的饲喂计划见表 3-1。

表 3-1　代乳品饲喂量

周　龄	代乳品(克)	水(升)	代乳品/水
1	300	3	100
2	660	6	110
8	1800	12	145
12～14	3000	16	200

(三)管　理

1. 控制铁的摄入 严格控制饲料和水中铁的含量，强迫牛在缺铁条件下生长。

2. 控制饲草和泥土 育肥圈舍地板尽量采用漏粪地板，如果是水泥地面应加垫料，垫料要用锯末，不要用秸秆、稻草，严禁育肥犊牛与泥土、草料接触。

3. 供应饮水　育肥犊牛除正常饲喂代乳品外,还要供应充足的饮水,饮水要定时定量。

4. 独立管理　育肥犊牛最好采取单独饲养的方式,如果条件不许可,可数头育肥犊牛一起圈养,但一定要佩戴笼嘴,以防犊牛之间相互吸吮耳朵或其他部位。

5. 保持温度　育肥圈舍内温度保持在 20℃以下、14℃以上。

6. 保持舍内卫生　舍内要通风良好,粪便等要及时清理,以保持舍内空气清新。

7. 饲喂初乳　要让初生犊牛及时吃到初乳,同时还要在最初饲喂的代乳品中添加抗生素(40 毫克/千克)和维生素 A、维生素 D、维生素 E,2～3 周龄时要经常检查体温和采食量,以防发病。

(四)屠宰月龄与体重　犊牛饲喂到 1.5～2 月龄,体重达到 90 千克时即可屠宰。如果犊牛增长率很好,可饲喂到 3～4 个月龄,体重 170 千克时屠宰,也可获得较好效果。但屠宰月龄超过 5 个月,仅使用牛乳或代乳品作为育肥饲料其增长效果降低很多。随着月龄的增长,牛肉越显红色,肉质也相对较差。

第二节　育成牛育肥

育成牛育肥主要是利用小牛生长快、饲料报酬高的特点,即在犊牛断奶后直接转入肥育阶段,给予高水平营养,在 13 月龄之后、24 月龄之前,进行直线持续强度育肥,当体重达到 360～550 千克时出栏。经过这样直线强度育肥后的牛肉鲜嫩多汁、脂肪少、适口性好,是高档牛肉。

一、选择技术

育成牛品种的优劣直接决定着肥育效果与效益。应选择身体健康、被毛光亮、精神状态良好、生长速度快、饲料报酬高的品种作为育肥品种。同年龄、同品种的育成牛,应选择体重大、体况好的牛。在我国育成牛育肥多选择经国外肉牛改良的杂交牛品种,如西门塔尔牛、夏洛莱牛与本地黄牛杂交的品种,在选择本地黄牛作为育肥牛时,最好选择生长速度快、饲料报酬高的地方优良品种,如秦川牛、鲁西黄牛、晋南牛、南阳牛等。

二、育肥技术

(一)舍饲强度育肥法

1. 育肥期饲养 肉牛育肥一般划分为 3 个阶段,在育肥前期,日粮中粗饲料与精饲料的比例控制为 0.6：0.4,粗蛋白质含量为 12％左右;在育肥中期,日粮中饲料的粗、精比例控制为 0.5：0.5,粗蛋白质含量为 11％左右;在育肥后期,日粮中饲料的粗、精比例控制为 0.4：0.6,粗蛋白质含量为 10％。一般把肉牛育肥前期称为适应期,中期称为增肉期,后期称为催肥期。

(1)适应期(前期) 断奶犊牛进入育肥阶段一般要有 1 个月左右的适应期。此期要自由活动,充分饮水,饲喂少量优质青草或干草。饲喂麦麸每日每头 0.5 千克,以后逐步加麦麸喂量。当犊牛能采食麦麸 1～2 千克时,逐步换成育肥料。参考配方见表 3-2。

表 3-2 断奶牛适应期育肥饲料参考配方 (单位:千克)

种　类	用　量
酒　糟	5～10
干　草	15～20
麦　麸	1～1.5
食　盐	30～35 克

(2)增肉期(中期) 此期要达 7～8 个月时间,一般分为前、后两期。前期日粮参考配方见表 3-3。在饲喂尿素时将其溶解在水中后,再与酒糟或精饲料混合饲喂。切忌溶在水中直接饮用,以免

中毒。后期育肥日粮参考配方见表3-4。

表3-3 育成牛前期育肥参考配方 （单位:千克）

种 类	用 量
酒 糟	10～20
干 草	5～10
麦 麸	0.5～1
玉米粗粉	0.5～1
饼 类	0.5～1
尿 素	50～70
食 盐	40～50 克

表3-4 育成牛后期育肥参考配方 （单位:千克）

种 类	用 量
酒 糟	20～25
干 草	2.5～5
麦 麸	0.5～1
玉米粗粉	2～3
饼 类	1～1.3
食 盐	50～60 克

（3）催肥期（后期） 此期主要是通过促进牛体膘肉丰满,沉积脂肪,一般为2个月。据研究结果,每天在精饲料中添加200毫克瘤胃素,可提高增重10%～20%。日粮参考配方见表3-5。

2. 育肥期管理 肉牛强度育肥要采用短缰拴系（缰绳长0.5米）、先粗后精,最后饮水,定时定量饲喂的管理原则。每日饲喂2～3次,饮水2～3次。喂精饲料时应先取酒糟用水拌湿,或干、湿酒糟各半混匀,再加麦麸、玉米粗粉和食盐等。牛吃到最后时再加入少量玉米粗粉,让牛把料吃净。精饲料饲喂后 1 小时左右进行饮水,要给 15℃~25℃的清洁水。

表 3-5 育成牛增肉催肥期育肥日粮参考配方 （千克）

种 类	用 量
酒 糟	20~30
干 草	1.5~2
麦 麸	1~1.5
玉米粗粉	3~3.5
饼 类	1.25~1.5
尿 素	150~170
食 盐	70~80 克

强度育肥圈舍可根据当地情况,因地制宜建造育肥场所。全露天肥育圈舍,无任何挡风屏障或牛棚,适于温暖地区。全露天肥育圈舍,有挡风屏障和简易牛棚的育肥圈舍,全舍饲适于寒冷地区。以上各种圈舍应根据投资能力和气候条件而定。

(二)放牧补饲强度育肥法　是指犊牛断奶后进行越冬舍饲,到翌年春季结合放牧适当补饲精料。这种育肥方式精饲料用量少,平均每天增重 1 千克左右,约消耗精饲料 2 千克。15 月龄体重为 300~350 千克,8 月龄体重为 400~450 千克。放牧补饲强度育肥饲养成本低,劳动强度小,适合于半农半牧区。

在进行放牧补饲强度肥育时,不要在放牧前或放牧后立即补料,先让牛对采食的青草进行咀嚼消化数小时后再进行补饲。当天气炎热时,应早出晚归,中午多休息,必要时可在气温相对低时的傍晚或夜间放牧,延长牛采食牧草的时间以增加采食量。放牧补饲参考配方见表 3-6 和表 3-7。

表 3-6　育成牛放牧育肥 1～5 月份补饲日粮参考配方　（%）

种　类	含　量
玉米面	60
干　草	30
油　渣	1～1.5
麦　麸	10

表 3-7　育成牛放牧育肥 6～9 月份补饲日粮参考配方　（%）

种　类	含　量
玉米面	70
油　渣	20
麦　麸	10

（三）谷物饲料育肥法　谷物饲料育肥法也是一种强化育肥的技术。此技术要求育成牛在育肥期间要完全舍饲，在大量谷物饲料的饲喂条件下，使牛在 1 周岁前其体重达到 400 千克以上，平均日增重达 1 000 克以上。要达到这个指标，可在 1.5～2 月龄时断奶前，喂给含可消化粗蛋白质 17% 的混合精料日粮，使犊牛在近 2 月龄时体重就达到 110 千克。之后，用含可消化粗蛋白质 14% 的混合料，喂到 6～7 月龄时，体重达 250 千克。然后将可消化粗蛋白质降到 11.2%，使牛在接近 12 月龄时体重达 400 千克以上，公犊牛甚至可达 450 千克。

用谷物强化法催肥，每千克增重需 4～6 千克精饲料，原由粗饲料提供的营养改为谷物（如大麦或玉米）和高蛋白质精饲料（如豆饼类）。典型试验和生产总结证明，如果用糟渣料和氮素、矿物质等为主的日粮，每千克增重仍需 3 千克精饲料。

（四）尿素饲喂法　牛的瘤胃微生物能利用游离氨合成蛋白

质,所以饲料中添加一定量尿素可以代替一部分蛋白质。在科学饲喂的情况下,育肥肉牛每日饲喂 100 克尿素,相当于替代 280 克粗蛋白质(即相当于含粗蛋白质 40.9% 的大豆饼 684 克)。添加时应掌握以下原则。

1. 饲喂条件

(1)谷物饲料 日粮中应含有比较充足的禾谷类饲料。

(2)肉牛体重 一般在育肥牛达 3.5 月龄以后、其瘤胃功能健全后再添加尿素。实践中多按体重估算,一般牛体重要求达 200 千克以上,大型牛则要达 250 千克以上。日粮中过早添加尿素会因瘤胃功能不健全,不能充分利用尿素中的游离氨,易引起中毒。

(3)蛋白质含量 一般日粮中粗蛋白质含量要低于 12%。当粗蛋白质含量低于 8% 时,添加尿素作用较小,如果高于 12%,则效果不明显,最好在 9%~12%。如果日粮中的粗蛋白质含量超过 14% 时,则失去添加尿素的意义。

(4)尿素添加量 尿素添加量一般占饲料总量的 1%,成年牛的日粮中添加尿素可达 100 克,最多不能超过 200 克。

2. 饲喂方法

(1)选择饲喂 尿素只能用来喂成年牛和青年牛,不能喂犊牛。因为 6 月龄以前的犊牛的瘤胃尚未发育完全,饲喂尿素容易引起中毒。

(2)混匀饲喂 饲喂尿素时,要把尿素与精饲料拌匀后再喂,不能用尿素单独喂牛,更不能把尿素溶于水中给肉牛饮用。

(3)延迟饮水 饲喂含尿素饲料后不能给牛立即饮水,最好过 1 小时后再给肉牛饮水,以免引起中毒。

(4)禁与生豆类饲料混合 不能用生豆类或生豆饼拌尿素喂牛,因为生豆类和生大豆饼中含有一种叫尿素酶的物质,尿素酶能加速尿素的分解,易引起氨中毒。

(5)过渡与限饲 尿素适口性较差,有的牛开始不爱吃,饲喂时要有 7～15 天的过渡期。方法是由全剂量的 1/5 开始,逐渐过渡至全量。一般情况下,育肥肉牛每日每头饲喂尿素的最大剂量为 120 克(添加尿素的参考剂量见表 3-8)。

表 3-8　育肥肉牛添加尿素参考喂量表

活　重(千克)	喂　量(克)
140～220	30～50
250～300	50～60
310～400	60～80
410～600	80～120

(6)添加含硫物质　喂尿素时添加适量无机硫(硫酸盐)效果较好,因为用尿素代替蛋白质饲料喂牛时,容易出现硫的不足,缺硫会影响牛对含硫氨基酸的合成,还会使牛对纤维素的消化率降低。饲料中氮元素和硫元素的比例为 15：1 效果最佳。

(7)添加食盐　喂尿素时还要在日粮中添加 0.5％的食盐。

(8)预防中毒　①立即停止供给可能引起中毒的饲料。②每头牛灌服食醋 1～2 千克(加水 3～4 倍);或灌服酸奶(酸乳清亦可)4～5 升;或食醋、白糖各 1 千克,加水 2.5 升灌服。③对症治疗。如发生急性瘤胃臌气时,应立即进行瘤胃穿刺放气;如中毒症状较为严重时,应静脉注射 10％葡萄糖酸钙注射液 300～500 毫升、10％葡萄糖注射液 500 毫升。

(五)块根类饲料饲喂法　按干物质计算,块根类饲料与谷物相比代谢能相近。甜菜、胡萝卜、马铃薯等块根类饲料都可作为育肥的饲料,但对于不同年龄的育肥牛饲喂量也不尽相同。12 月龄以内体重低于 250 千克的育肥牛,每天所采食的全部饲料中,块根类饲料比例不能超过 50％。体重达 250 千克以上的育肥牛,其每天所采食的饲料中,大部分或全部用块根饲料替代精饲料。由于全部用块根饲料代替精饲料要增加人员管理费用,日粮的营养成分也需要进行相应调整,所以在生产实际中,可根据实际情况来调整块根类饲料的比例。

(六)粗饲料代替部分谷物饲料饲喂法 用较低廉的粗饲料代替精饲料除可降低成本外,还能达到与谷物相同的育肥作用。如用草粉、谷糠、稻壳等替代部分谷物饲料,但不能过多,一般以不超过15%为宜,过多会降低日增重,延长育肥期,影响牛肉嫩度。

现在国内大多数地区,利用秸秆代替部分谷物饲料作为育肥牛饲料,已经取得良好的效果。如青贮玉米、氨化的麦秸、玉米秸等应用非常广泛。这些秸秆经粉碎后,应加入一定量的矿物质、维生素,既方便饲喂和贮存,还可以取得较好的育肥效果。

(七)粗饲料为主的饲喂法

1. 以青贮玉米为主的饲喂法 青贮玉米是高能量饲料,蛋白质含量较低,一般不超过2%。以青贮玉米为主要成分的日粮,要获得高日增重,要求搭配1.5千克以上的混合精饲料。参考配方见表3-9。

表3-9　体重300~350千克育肥牛参考配方　(单位:千克/天)

饲料种类	1~30	31~60	61~90
青贮玉米	30	30	25
干草	5	5	5
混合精料	0.5	1.0	2.0
食盐	0.03	0.03	0.03
矿物质	0.04	0.04	0.04

以青贮玉米为主的育肥法,育肥增重效果与干草的质量、混合精料中豆粕的含量有关。如果干草是苜蓿、沙打旺、红豆草、串叶松香草或优质禾本科牧草,精饲料中豆粕含量占一半以上,则日增重可达1.2千克以上。

2. 干草为主的饲喂法 在盛产干草的地区,秋、冬季能够贮存大量优质干草,可采用此法。具体方法是:干草自由采食,每天补饲 1.5 千克精饲料。干草的质量对增重效果起关键性作用,大量的生产实践证明,豆科和禾本科混合干草饲喂育肥效果较好。

第三节　架子牛育肥

架子牛育肥也称为后期集中肥育。是指犊牛断奶后,在较粗放的饲养条件,或者纯放牧状态下饲养到 2～3 周岁,体重达到 300 千克以上时,再采用强度集中肥育 3～4 个月的方式。此方法是发挥牛的补偿性生长的生理功能,利用高能量饲料进行育肥,最后达到理想体重和膘情后屠宰。我国大多数育肥场都是从外地采购架子牛,然后进行集中强度育肥。这种肥育方式成本低,精饲料用量少,经济效益较高,应用较广。

一、选择技术

(一)选择品种　架子牛品种的优劣直接决定着育肥效果与效益。应选夏洛莱、西门塔尔等优良肉用品种与本地黄牛的杂交后代。也可选择我国地方优良品种黄牛,如晋南牛、鲁西黄牛、秦川牛、南阳牛、延边牛等品种。优良的肉用品种,不但体重大、生长速度快,而且饲料报酬也高。

(二)选择年龄和体况
1. 年 龄　一般选择年龄在 1～3 岁。
2. 体 况　体型大、皮松软,膘情较好,健康无病,体重在 300 千克以上。

二、育肥技术

(一)饲养技术
1. 饮 水　架子牛经过长距离、长时间的运输,应激反应较大,体内容易缺水。因此,在架子牛到达目的地后首先要进行补水。第一次饮水量限制为 15～20 升,水中添加一些食盐,以每头 100 克添加,切忌暴饮;3～4 小时后可进行第二次饮水,可在水中掺些麦麸任其自由饮水。

2. 开食 架子牛饮水后即可进行饲喂,第一次饲喂不能过多,以后逐渐增加饲喂量,开始以每头牛 4～5 千克为宜,4～5 天后任其自由采食。

3. 饲喂 肥育架子牛应采用短缰拴系,限制活动。缰绳长 0.4～0.5 米为宜,使牛不便趴卧,俗称"养牛站"。饲喂要定时定量,先粗后精,少给勤添。刚入舍的牛因对新的饲料不适应,头 1 周应以干草为主,适当搭配青贮饲料,少给或不给精饲料。育肥前期每日饲喂 2 次,饮水 3 次。育肥后期每日饲喂 3～4 次,饮水 4 次。

(二)管理技术

1. 清洁消毒 在进牛前 1 周,应将育肥圈舍打扫干净,用水冲刷后,再用 2% 的火碱溶液对圈舍地面、墙壁进行喷洒消毒;用 0.1% 的高锰酸钾溶液对器具进行消毒,最后再用清水清洗 1 次。

2. 保暖和防暑 如果是敞开式圈牛舍,冬季应扣塑膜、草帘等保暖,使舍内温度不低于 5℃,并保持通风良好。夏季炎热应搭棚遮荫,气温过高还要设置喷水降温设施。

3. 分群 根据架子牛大小、强弱分群管理。分群初期应注意观察牛群情况,避免角斗受伤。分群的数量和占地面积一般按每头牛占地 4～5 平方米为宜。

4. 驱虫 架子牛入栏后应立即进行驱虫。驱虫应在空腹时进行,以利于药物吸收。驱虫后,应隔离饲养 2 周,其粪便消毒后,进行无害化处理。常用的驱虫药物有阿弗米丁、丙硫苯咪唑、敌百虫、左旋咪唑等。

5. 健胃 驱虫 3 日后,为增加食欲,改善消化功能,应进行 1

次健胃。常用于健胃的药物是人工盐,其口服剂量为每头每次60～100克。

6. 刷拭 每天上、下午各刷拭1次,每次5～10分钟。

7. 观察 经常观察肉牛排泄的粪便。如粪便无光泽,说明精饲料少,如便稀或有料粒,则精饲料太多或消化不良。

(三)日粮配方 在我国大多数地方,架子牛育肥多采用青粗饲料或酒糟、甜菜渣等加工副产物为主,适当补饲精饲料。精、粗饲料比例按干物质计算为1∶1.2～1.5,每天干物质采食量为体重的2.5%～3%。其参考配方见表3-10。

表3-10 日粮配方表

时间 (天)	种 类				
	干草或青贮 玉米秸(千克)	酒 糟 (千克)	玉米粗粉 (千克)	饼 类 (千克)	盐 (克)
1～15	6～8	5～6	1.5	0.5	50
16～30	4	12～15	1.5	0.5	50
31～60	4	16～18	1.5	0.5	50
61～100	4	18～20	1.5	0.5	50

第四节 肉牛育肥饲料的加工及配方

一、饲料分类

生产常用饲料可分为:粗饲料、精饲料、糟粕类饲料、多汁饲料、矿物质饲料、添加剂类饲料和特殊类饲料等类型。

(一)粗饲料 一般指天然水分含量在60%以下、体积大、可消化利用养分少、干物质中粗纤维含量大于或等于18%的饲料。常见的有青贮类饲料、干草类饲料、青绿饲料、作物秸秆等。

（二）精饲料　一般指容积小、可消化利用养分含量高、干物质中粗纤维含量小于18％的饲料。包括能量饲料和蛋白质饲料。

（三）能量饲料　指干物质中粗纤维含量低于18％,粗蛋白质含量低于20％的饲料。常见的能量饲料有谷物类(玉米、小麦、稻谷、大麦等)、糠麸类(麦麸、米糠等)等。

（四）蛋白质饲料　指干物质中粗纤维含量低于18％,粗蛋白质含量等于或高于20％的饲料。常见的蛋白质饲料有豆饼、豆粕、棉籽饼、菜籽饼、胡麻饼、玉米胚芽饼等。

（五）糟渣类饲料　指制糖、制酒等工业中可饲用的副产物,如酒糟、糖渣、淀粉渣(玉米淀粉渣)、甜菜渣等。

（六）多汁饲料　主要指块根、块茎类饲料。如胡萝卜、甜菜等。

（七）矿物质饲料　常见的有食盐、含钙磷类矿物质(石粉、磷酸钙、磷酸氢钙、轻体碳酸钙)等。

（八）添加剂类饲料　添加剂类饲料包括营养性添加剂和非营养性添加剂。常见的营养性添加剂有维生素、微量元素、氨基酸等;常见的非营养性添加剂有抗生素、促生长添加剂、缓冲剂等。

（九）非蛋白氮类饲料　主要有尿素及其衍生物类,如氨水、硫酸铵、氯化铵等。肽类及其衍生物,如氨基酸肽、酰胺等。使用非蛋白氮类饲料应注意控制用量,并与其他营养素如碳水化合物、硫的比例要适当。

二、日粮的加工与配制

（一）日粮的加工　各种原料经过必要的粉碎,按照配方进行充分的混合。粉碎的颗粒宜粗不宜细,如玉米的粉碎,颗粒直径以2～4毫米为宜;还可以采用压扁、制粒、膨化等加工工艺。

（二）日粮的配制　日粮是指1头育肥肉牛1昼夜所采食的各种饲料的总量。日粮的配制是根据肉牛饲养标准和饲料营养成分表,结合实际选用多种饲料原料进行科学合理的设计和配合而成。日粮配制应精、粗原料比例合适,经济合理、适口性好,能够满足肉牛育肥的营养需要。

三、日粮配制方法

(一)配方配制的原则

1. 适应生理特点　肉牛是反刍家畜,能消化较多的粗纤维,在配合日粮时应根据这一生理特点,以青、粗饲料为主,适当搭配精饲料。

2. 保证饲料原料品质优良　选用优质干草、青贮饲料、多汁饲料,严禁饲喂有毒和霉烂的饲料。所用饲料要干净卫生,严禁选用有毒有害的饲料原料。

3. 经济合理选用饲料原料　为降低育肥成本,应充分利用当地饲料资源,特别是廉价的农副产品;同时,要多种搭配,既提高适口性又能达到营养互补的效果。

4. 科学设计与配制　日粮配合要从牛的体重、体况和饲料适口性及体积等方面考虑。日粮体积过大,牛吃不进去;体积过小,可能难以满足营养需要。所以,在配制日粮时既要满足育肥营养需要,也要有相当的体积,让牛采食后有饱腹感。在满足肉牛育肥日增重的营养需求基础上,超出饲养标准量的 1%～2% 即可。育肥牛粗饲料的日采食量大致为每 10 千克体重,采食 0.3～0.5 千克青干草或 1～1.5 千克青草。

5. 饲料原料相对稳定　日粮中饲料原料种类的改变会影响瘤胃发酵功能。若突然变换日粮组成成分,瘤胃中的微生物不能马上适应变化,会影响瘤胃发酵功能、降低对营养物质的消化吸收,甚至会引起消化系统疾病。

(二)配方配制的特点

第一,如果对妊娠母牛采取限制性饲喂,则要精饲料和粗饲料混合配制,防止精饲料采食过量。

第二,由于育肥牛精饲料用量大,为了保证正常瘤胃功能。进行配方设计时要注意选择适宜饲料,如尽可能多用大麦,不用小麦,减少玉米用量,适当增加一些糠麸、糟渣、饼粕类的比例。

第三,一般说来,日粮中脂肪对牛体脂硬度影响不大,但到育肥后期,要适当限制饲料中不饱和脂肪酸的饲喂量,尽可能把日粮中脂肪含量限制在5%以内。

第四,育肥后期要限制日粮组成中的草粉含量。特别是苜蓿等含叶黄素多的草粉可能会造成色素的沉积,导致体脂变黄,影响商品肉外观质量。

第五,在整个育肥期的日粮配方设计中,粗饲料含量应保持在15%左右为宜。

(三)配方设计与配制的方法步骤　对角线法是目前最常用的饲料配制方法之一,对角线法又称方框法、四角法、方形法、十字交叉法或图解法。该方法一般只用于配制两三种饲料组成的日粮配方。在配制两个以上饲料品种的日粮时,可先将饲料分成蛋白质饲料和能量饲料两种,并根据经验预设好蛋白质饲料和能量饲料内各原料的比例,然后将蛋白质饲料和能量饲料当作两种饲料做交叉配合。

下面举例说明用对角线法配制日粮的具体步骤。如为体重350千克的生长育肥肉牛、预期日增重为1.2千克,精饲料比粗饲料为50∶50,饲料原料选玉米青贮、玉米、棉籽饼和麦麸等。

第一步,根据饲养标准查出350千克肉牛日增重1.2千克所需的各种养分(表3-11)。

表 3-11　营养需要量

干物质 (千克/日)	RND (个/千克)	粗蛋白质 (克/日)	钙 (克/日)	磷 (克/日)
8.41	6.47	889	38	20

第二步,从"肉牛常用饲料成分及营养价值表"中查出玉米青贮、玉米、棉籽饼和麦麸等饲料原料的营养成分含量(表 3-12)。

表 3-12　饲料养分含量　(干物质基础)

饲料名称	干物质 (%)	RND (个/千克)	粗蛋白质 (%)	钙 (%)	磷 (%)
玉米青贮	22.7	0.54	7	0.44	0.26
玉　米	88.4	1.13	9.7	0.09	0.24
麦　麸	88.6	0.82	16.3	0.2	0.88
棉籽饼	89.6	0.92	36.3	0.3	0.9
磷酸氢钙				23	16
石　粉				38	

第三步,由肉牛的营养需要可知每日每头牛需 8.41 千克干物质,根据日粮中粗饲料占 50%,可知作为粗饲料的青贮玉米每日每头应供给的干物质量为 $8.41 \times 50\% = 4.2$ 千克。下面便可求出玉米青贮提供的养分量和尚缺的养分量(表 3-13)。

所以,由精饲料提供的养分应为干物质 4.21 千克、RND 4.2 个、粗蛋白质 595 克、钙 19.52 克、磷 9.08 克。

第四步,求出 1 千克各种配制精饲料的原料和拟配精饲料混合料的粗蛋白质与肉牛能量单位比。

表 3-13　粗饲料提供的养分量

项　目	干物质 (千克)	RND (个)	粗蛋白质 (克)	钙 (克)	磷 (克)
需要量	8.41	6.47	889	38	20
青贮玉米 提供量	4.2	2.27	294	18.48	10.92
尚　缺	4.21	4.2	595	19.52	9.08

玉米＝97/1.13＝85.84

麦麸＝163/0.82＝198.78

棉籽饼＝363/0.92＝394.57

拟配精饲料混合料＝595/4.2＝141.67

第五步,用对角线法算出各种原料用量。

一是先将各原料按蛋白能量比分为二类,一类高于拟配精饲料混合料,一类低于拟配精饲料混合料,然后一高一低两两搭配成组。本例高于拟配精饲料混合料蛋白能量比值的有麦麸和棉籽饼,低的有玉米。因此,玉米既要和麦麸搭配,又要和棉籽饼搭配,因此放中间,在两条对角线上做减法,大数减小数,得数是该原料在精料混合料中占有的比例数(图 3-1)。

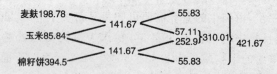

3-1　对角线法求混合精饲料中各饲料能量比例

二是本例要求混合精饲料中肉牛能量单位是 4.20,所以应将上述比例算成总能量 4.20 时的比例,即将各饲料原来的比例分别除各饲料比例数之和,再乘 4.20。然后将所得数据分别被各原料每千克所含的肉牛能量单位除,即得到这 3 种饲料的用量。

玉米＝310.01×(4.20/421.67)÷1.13＝2.73(千克)

麦麸＝55.83×(4.20/421.67)÷0.82＝0.68(千克)

棉籽饼＝55.83×(4.20/421.67)÷0.92＝0.60(千克)

第六步,验算精饲料混合料养分含量(表 3-14)。

表 3-14　精饲料混合料的养分含量

饲料	用量 (千克)	干物质 (千克)	RND (个)	粗蛋白质 (克)	钙 (克)	磷 (克)
玉米	2.73	2.41	3.08	264.81	2.46	6.55
麦麸	0.68	0.6	0.56	110.84	1.36	5.98
棉籽饼	0.6	0.54	0.55	217.8	1.80	5.40
合计	4.01	3.55	4.19	593.5	7.62	17.93
与标准比		−0.66	−0.01	−1.5	−11.9	+8.85

由上表可以看出,精饲料混合料中肉牛能量单位和粗蛋白质含量与要求基本一致,干物质尚差 0.66 千克,在饲养实践中可适当增加青贮玉米饲喂量。钙、磷的余缺用矿物质饲料调整,本例中磷已满足需要,不必考虑既能补钙又能补磷的矿物质原料,用石粉补足钙即可。

石粉用量＝11.9/0.38＝31.32(克)

混合精饲料中另加 1‰食盐,约合 0.04 千克。

第七步,列出日粮配方与精饲料混合料的百分比组成(表 3-15)。

表 3-15　育肥牛的日粮组成

项目	青贮玉米	玉米	麦麸	棉籽饼	石粉	食盐
供应量(干物质态,千克)	4.2	2.73	0.68	0.6	0.031	0.04
供应量(饲喂态,千克)	18.5	3.09	0.77	0.67	0.031	0.04
精饲料组成(%)		67.16	16.74	14.56	0.67	0.87

在实际生产中,青贮玉米的饲喂量应增加 10%的安全系数,即每头牛每日的投喂量为 20.35 千克。混合精饲料每日每头投喂量为 4.6 千克。

第四章　饲草饲料调制与利用

第一节　饲草饲料简介

一、豆科牧草

苜蓿、草木樨、三叶草、紫云英、苕子和沙打旺等豆科牧草都是营养价值较高的青绿饲草。豆科牧草一般在初花期刈割后直接饲用，此时的牧草产草量、营养价值、适口性等都处于最佳状态，饲用价值较高。

(一)苜蓿属牧草　苜蓿属牧草是重要的豆科饲草，为 1 年生或多年生草本。我国西北、华北、东北和西南地区均有分布，栽培面积较大的有紫花苜蓿、黄花苜蓿和天蓝苜蓿等。

1. 紫花苜蓿　具有适口性好，营养价值高，产量高等特点，有"牧草之王"之称。它可用于青饲、青贮和调制青干草多种用途。但在饲喂时应与禾本科饲草混合饲喂，防止育肥肉牛发生臌胀病。

2. 黄花苜蓿　具有耐寒、耐风沙、抗旱、营养价值高等特点。其耐寒性较紫花苜蓿强，在一般紫花苜蓿不能越冬的地方，黄花苜蓿皆可越冬生长。黄花苜蓿一旦在结实之后，粗蛋白质含量下降较明显。黄花苜蓿可用作放牧和青饲，也可调制成青干草。

(二)三叶草属牧草　主要有白三叶和红三叶。

1. 白三叶(又名白车轴草)　属多年生草本植物，喜温暖湿润气候，适应性广，耐酸性强，除盐碱土外，排水良好的各种土壤均可生长。白三叶产量不高，但茎叶柔软，适口性好，富含蛋白质，营养价值也较高，总消化营养和热量还略高于苜蓿。白三叶有匍匐茎，再生性好,耐践踏,属放牧型牧草。

2. 红三叶(又名红车轴草) 属短期多年生草本植物,喜温凉湿润气候。红三叶耐酸,不耐碱,适宜于排水良好、富含钙质的黏性土壤生长。用作牲畜饲草栽培时,可同禾本科牧草混播,宜在短期轮作中利用,不宜连作。红三叶现蕾前叶多茎少,早期刈割草质柔嫩,品质较好。红三叶调制的青干草营养价值较高,是育肥肉牛的优良饲料。

(三)黄芪属牧草(又名紫云英属) 一般为1年生或多年生草本植物。我国约有130种该属植物,较多栽培的有沙打旺、鹰嘴紫云英和达乌里黄芪等。

1. 沙打旺 属多年生草本植物,具有营养价值较高、抗逆性强、适应性广,较耐盐碱,不耐涝,具有抗旱、抗寒、抗风沙、耐瘠薄等特性,是一种绿肥、饲草和水土保持兼用型草种。可放牧、青饲、青贮或调制青干草。因含有脂肪族硝基化合物,不宜单独长期饲喂肉牛。

2. 鹰嘴紫云英 其茎叶柔软多汁,适口性好,营养丰富,且饲喂后不会引起臌胀病,是一种优良的饲用兼水土保持植物。

(四)草木樨属牧草 草木樨属牧草一般为1年生或2年生草本,是优良的绿肥作物和牧草。我国主要有白花草木樨、黄花草木樨、香草木樨、细齿草木樨、印度草木樨和伏尔加草木樨等。

1. 白花草木樨 该品种具有耐寒、抗旱、耐盐碱和耐瘠薄等特性,是一种1年或2年生草本优良的饲用、水土保持、绿肥和蜜源植物。白花草木樨饲用时可制成干草粉或青贮、打浆。但肉牛开始时不喜采食,需逐渐适应。贮藏或调制时如有霉烂,植株内含香豆素就转变为双香豆素或出血素,牲畜食后会中毒。直接在草木樨地放牧,牲畜摄食过多易发生臌胀病。

2. 黄花草木樨 是一个耐瘠薄、抗逆性强、生长快、抗逆性高于白花草木樨,产量较高,可作绿肥和水土保持的牧草品种。

(五)其他豆科牧草 除了以上介绍的豆科牧草外,还有箭筈豌豆、毛苕子、矮柱花草、小冠花、百脉根、银合欢等牧草品种。

二、禾本科牧草

黑麦草、无芒雀麦、苏丹草等是较为常用的禾本科青绿饲草。相比较而言,禾本科牧草的粗纤维含量较高,对其营养价值有一定影响,但其适口性较好,特别是在生长早期,幼嫩可口,采食量高,是饲养肉牛的优良青绿饲草。

(一)黑麦草属 为1年生或多年生草本植物,多生长在温带湿润地区。在我国广泛种植的有多年生黑麦草和多花黑麦草。

1. 多年生黑麦草 该品种草质优良,叶量丰富,茎叶柔嫩,适口性好,喜温凉湿润气候,耐寒耐热性较差,在东北严寒地区不能越冬,在南方高温夏季无法越夏,对土壤要求较为严格,适宜在排灌良好、肥沃湿润的黏土或黏壤土栽培。

2. 多花黑麦草 为意大利黑麦草,为1年生草本。其特点是品质优良、富含蛋白质,生长迅速、产量较高、喜温热和湿润气候,秋季和春季比其他禾本科草生长快,夏季炎热则生长不良,甚至枯死。在生产上,从第一年秋季播种到第二年可刈割3～5次,可放牧、青饲或调制青干草。

(二)鸭茅属牧草 该品种草质柔软、叶量丰富,叶茎比约为6∶4,适宜于湿润而温凉的气候,耐阴,适应性广,耐牧性强,是我国南部地区退耕还草的常用草种。鸭茅可用作放牧或制作青干草,也可收割青饲或制作青贮饲料。其营养成分随成熟度而下降(表4-1)。

表 4-1　不同生长时期鸭茅营养成分含量　（％）

生长阶段	干物质	占 干 物 质				
		粗蛋白质	粗脂肪	粗纤维	无氮浸出物	粗灰分
营养生长期	23.9	18.4	5.0	23.4	41.8	11.4
抽穗期	27.5	12.7	4.7	29.5	45.1	8.0
开花期	30.5	8.5	3.3	35.1	45.6	7.5

（引自《饲料生产学》，南京农学院主编，1980）

（三）披碱草属牧草　披碱草属牧草我国约有 10 种，分布在草原和高山草原地带，常见的栽培种有披碱草、老芒麦。

1. 披碱草　该品种为多年生草本，主要分布于东北、华北和西南地区。披碱草对水、热条件要求不严，抗旱、耐寒、耐盐碱、耐风沙，适应环境能力强。可与无芒雀麦、苇状羊茅等禾本科牧草混播，也可与沙打旺、草木樨等豆科牧草混播。披碱草在适时收割后调制成的干草气味芳香、适口性好。

2. 老芒麦（又名西伯利亚披碱草）　是我国北方地区的一种重要的栽培牧草。其叶量丰富、草质柔软、消化率高、适口性好、饲用价值较高，对土壤要求也不严，根系入土深，抗寒性很强，越冬性能良好。

（四）羊茅属牧草（又名狐茅属）　适宜在寒温带地区生长，主要有苇状羊茅和草地羊茅等。

1. 苇状羊茅（又名高羊茅）　该品种属多年生草本。其特点是耐湿、耐寒、耐旱、耐热、耐酸且耐盐碱，生长迅速、再生性强，叶量丰富，草质较好，可青饲或调制成青干草，也可直接放牧。但由于植株体内含有害物质吡咯碱，不宜长期大量饲喂。

2. 草地羊茅（又名牛尾草）　该品种适于北方暖温带或南方亚热带高海拔草山温暖湿润地区种植。其特点是喜湿润，抗旱性较差，但耐践踏、再生能力强，适应性广，具有较高的饲用和水土保持价值。在孕穗期放牧肉牛采食率为 63%，而抽穗期则下降为43%。也可调制成干草和青贮饲料。

（五）苏丹草（又名野高粱） 该品种是 1 年生禾本科高粱属草本植物，具有草质好、生长迅速、营养丰富、再生能力强、喜温暖湿润、耐旱力强，但不耐寒、涝，对土壤要求不严等特点。可在沙壤土、重黏土、弱酸性、弱盐碱土壤中种植。对水肥反应良好，1 年可刈割2～3 次，可用于调制青干草、青贮、青饲或放牧。

（六）其他禾本科牧草 其他常见的禾本科牧草还有无芒雀麦、冰草、狗牙根和羊草等，均是在生产中广泛利用的优质禾本科牧草资源。

三、禾谷类饲草

指农田栽培的农作物或饲料作物，在结实前或结实期刈割作为青绿饲料使用，也可指人工播种的专供家畜饲用的农作物。常见的有青刈玉米、青刈高粱、燕麦、大麦、黑豆、大豆、箭筈豌豆、蚕豆和甜菜等。

（一）玉米 玉米（又名苞谷）还称为包芦冰草、玉蜀黍、大蜀黍、棒子、苞米等。为禾本科玉米属 1 年生草本植物，玉米植株高大、生长迅速、产量高，且富含糖分、维生素、胡萝卜素等营养成分，适口性好，消化率高，可直接青饲，也可青贮。玉米籽粒是重要的能量精饲料，淀粉含量高，还富含胡萝卜素、核黄素和多种维生素。但由于缺乏赖氨酸、蛋氨酸和色氨酸，适宜与其他豆科饲草混合饲喂。青刈玉米味甜多汁、适口性好，在抽穗、乳熟、蜡熟期均可作青饲作物。青刈玉米保留了玉米的大部分养分，可大量储备供肉牛春冬饲用。

（二）高粱 高粱（又名蜀黍、芦粟、荻子）是 1 年生草本植物，是重要的粮食作物和饲用作物。其特点是喜温，抗旱性强，对土壤要求不高，在沙土、黏土、旱坡、低洼地带均可种植，尤其抗盐碱能力突出。高粱的籽粒和秸秆都含有丰富的营养,但适口性与营养价值稍次于玉米。青刈高粱含糖量高,营养丰富,适口性好,与豆科作物混合饲喂效果更好。

(三)黑麦　黑麦为禾本科 1 年生草本。在我国主要分布于黑龙江、内蒙古和青海、西藏等高寒地区与高海拔山地,是当地解决冬春青饲料不足的主要品种之一。其特点是喜冷凉气候、耐寒、返青早、生长速度快、叶量大、草产量高、茎秆柔软、营养丰富、适口性好和抗病性强等。

(四)燕麦　燕麦(又名雀麦、野麦)为禾本科燕麦属 1 年生草本植物。燕麦一般分为带稃型和裸粒型两大类。世界各国栽培的燕麦以带稃型的为主,常称为皮燕麦,饲用主要为此类。我国栽培的燕麦以裸粒型的为主,常称裸燕麦。裸燕麦的别名颇多,在我国华北地区称为莜麦;西北地区称为玉麦;西南地区称为燕麦,有时也称莜麦;东北地区称为铃铛麦。燕麦在我国主要分布于东北、华北和西北地区。燕麦是长日照作物,喜凉爽湿润,忌高温干燥,生育期间需要积温较低,但不适于寒冷气候。其对土壤要求不严,能耐 pH 值 5.5～6.5 的酸性土壤。燕麦叶、秸秆多汁柔嫩,适口性好;籽粒富含蛋白质,脂肪含量也较高(3%～4.5%),青贮燕麦气味芳香、质地柔软。

(五)大麦　大麦为 1 年生草本植物,主要分布于长江流域、黄河流域和青藏高原。具有早熟、耐旱、耐盐、耐低温冷凉、耐瘠薄等特点。大麦按用途分,可分为食用大麦、饲用大麦、啤酒大麦 3 种类型。大麦籽粒的粗蛋白质和可消化纤维均高于玉米,北美的发达国家和澳大利亚,都把大麦作为牲畜的主要饲料。开花前刈割的大麦茎叶繁茂、柔软多汁、适口性好、营养丰富,是优良的青绿饲草;大麦在灌浆期收割可以做青贮饲料。

(六)菜叶根茎类　此类多为蔬菜和经济作物的副产品,常见的菜叶类有甜菜叶、白菜叶、萝卜叶和甘蓝叶等;常见的块根、块茎类有胡萝卜、甘薯、马铃薯、甜菜根等。

甜菜的茎叶和块根均是优良的青绿饲草,可直接鲜喂或与其他干饲料混合饲喂。但在堆放贮存时,甜菜所含的硝酸盐易转化为亚硝酸盐,引起中毒,因此应现割鲜喂。甘薯的块根含有丰富的淀粉、维生素(尤其是胡萝卜素),其茎叶的适口性好,可用于牛、羊、鱼的饲喂,但消化能低于块根。马铃薯产量高,茎叶中含有多种维生素和氨基酸,但发芽或日晒发青的马铃薯含有龙葵苷,易引起牲畜采食中毒。胡萝卜产量高,且富含可消化脂肪和蛋白质,营养丰富,是饲喂肉牛的优良饲料作物。

(七)瓜类 瓜类主要有南瓜、西瓜、西葫芦等。其藤叶可以直接切碎鲜喂,果实含有丰富的葡萄糖、蔗糖和多种维生素,并且适口性好,消化率高。

南瓜是一种产量高、质量优的多汁青绿饲料。其肉质紧密,适口性好,便于贮藏和运输,可直接打碎鲜喂,代替部分精饲料,也可与豆科饲草混合饲喂。南瓜喂牛时必须先粉碎处理,以防噎着。

(八)水生植物 此类饲草种类较多,常见的有水葫芦、水花生和浮萍等。其含水量高、质地柔软、细嫩多汁、口感柔软细腻,消化率高,但用其喂肉牛时应注意驱虫消毒。

1. 水葫芦 又名凤眼莲、洋水仙。属多年生浮水草本植物,富含氨基酸。喜高温湿润气候,抗病性、耐碱性较强,具有很强的无性繁殖能力。

2. 绿萍 又名满江红,是一种水生蕨类植物。可生长于水田或静水池塘中,与有固氮能力的鱼腥草共生,常放养作饲料或绿肥。绿萍鲜嫩多汁、纤维含量低、适口性好,可鲜喂,也可干燥后饲喂。但在饲喂时应注意寄生虫的防治。

3. 水花生 又名水苋菜。我国江、浙地区养殖较多,长江流域也有种植。水花生生长快、产量高,茎叶柔软、含水量高,营养价值较低。水花生可直接切碎、打浆鲜喂;也可单独青贮,制成品质良好的青贮饲料;还可以晒干后,粉碎处理饲喂肉牛。

第二节 青干草的调制与利用

一、青干草调制的意义

青干草是指在适宜时期利用在天然草地或人工草地上种植的牧草及饲用作物,经自然或人工干燥调制的能长期保存的草料。由于它是由青绿植物调制而成,仍保持一定青绿颜色,故称之为青干草。青干草调制的目的是在尽量不破坏新鲜饲草营养物质的前提下,蒸发掉其大部分水分,并经过轻微的微生物发酵,制成容易保存、质地优良的草料,以解决季节性饲草供应不平衡的矛盾,同时也是应对因自然灾害引起饲草紧缺的重要措施。

二、青干草调制的原理

牧草在刚收割时含水量一般在70%~90%,高含水量的牧草在贮藏时易发生腐烂和变质,如进行加工处理则不易长期保存。青干草调制就是将新鲜牧草经过自然晾晒或人工干燥,以合理的工艺过程,加快饲草的干燥速度,减轻和避免在加工过程中对饲草养分的损失,最后获得含水量在18%以下的高质量青干草。

三、影响青干草质量的主要因素

(一)刈割时期 豆科牧草一般从开花初期至盛花期刈割为宜;禾本科牧草一般应在抽穗初期至开花初期刈割为宜。不同种类牧草或同类牧草的不同品种的最佳刈割期各有不同。一般而言,刈割过早,植株含水量偏高;刈割过晚,植株营养品质下降。

(二)干燥方法 不同种类牧草调制成青干草后的最适含水量各不相同,但一般控制在18%以下为宜。不同的干燥方法对青干草的品质影响有明显不同,一般干燥过程所需时间越短越好,以防止营养成分的过多损失。常见的方法有人工快速干燥法和阴干法。日晒法调制青干草,因阳光的照射作用使叶片中的胡萝卜素损失较多,干燥后的干草品质较差。

(三)呼吸作用 呼吸作用造成植株内糖的降解。刚刈割的牧草,植株细胞尚未死亡,仍能通过呼吸作用分解牧草中 5%～10% 的养分,如果刈割后降雨或土壤水分和空气相对湿度较高,干燥时间延长,由呼吸作用导致的养分损失可高达 15% 左右。

(四)枝叶脱落 调制青干草过程中枝叶脱落会影响干草品质。豆科牧草叶片中粗蛋白质含量一般高于茎,在相同的调制工艺条件下,叶片失水速度快,使得叶片在青干草调制和运输等过程中易脱落、丢失,造成养分的大量损失。禾本科牧草的叶片附着较牢固,叶与茎的干燥速度差不多,一般有 2%～5% 的叶片脱落,比豆科牧草养分损失相对较少。

四、青干草调制技术

(一)自然干燥 晾晒干燥是目前调制青干草最常用、最简单的方法,但此方法受当地气候变化影响较大,多雨潮湿地区不适用此方法调制青干草。

1. 晾晒 饲草刈割后,可在原地或附近干燥地带摊开自然晾晒 6～7 小时,此间应翻晒 1～2 次,以保证饲草晾晒均匀。

2. 拢行 当饲草含水量降至 50% 左右时可用搂草机拢成草行,继续干燥 5～6 小时。

3. 拢堆 当饲草含水量降至 35%～40% 时,将草行聚拢成松散草堆,再继续晾晒 1～2 天。

4. 压扁或切短 可根据实际条件对刈割后牧草采取压扁、切短等措施,以加快牧草的干燥速度。

5. 翻晒 为了减少晾晒过程中饲草干物质的损失,可利用夜间或早晨的时间进行翻晒,饲草会因阳光照射过多,导致胡萝卜素大量损失。

6. 打捆　饲草晾晒后期,要采取打捆晾晒方法,以减少饲草叶片的脱落。打捆过程中,应注意不能将土块、杂草和腐草混进草捆里。

7. 堆垛　打好的草捆应尽快将其运输到仓库里或贮草坪上码垛贮存。草捆码垛贮存时,应留有通风间隙,以便水分继续挥发。

8. 上架晾晒　在潮湿地区或季节,可将刈割后的青牧草摊放在专用的干草架上调制。草架有独木架、三角架、铁丝长架和棚架等。利用草架干燥饲草时,一般先将饲草地面晾晒 0.5～1 天,待饲草含水量降至 50% 左右再用草叉上架。如遇雨天可直接上架。一般自上而下堆放饲草,最下层饲草不可与地面接触,防止受潮。

此外,也可将刈割后的青牧草直接压实堆成草堆,利用鲜草本身发酵作用调制青干草。堆放 2～3 天后再挑开草堆,在天气晴好的情况下利用自然风来蒸发青牧草中的水分。

(二)人工干燥　人工干燥法分为通风干燥法和高温快速干燥法。此方法具有干燥速度快、营养成分损失少、加工成本较高的特点。

1. 通风干燥法　此法一般需要建造干草棚,棚内设有电风扇、吹气机、送风器和各种通风道。也可在草垛的一角安装吹风机、送风器,在垛内设通风道,利用风力对含水量在 50% 左右的青牧草在不加温状态下吹风干燥。

2. 高温快速干燥法　此法是指利用专用高温干燥机设备,以石油或煤炭作燃料,将滚筒中的空气加热,当切短的青牧草经过滚筒时,使其含水量迅速降低至 10%～15%。

(三)注意事项

1. 防雨淋　在牧草刚收割时雨淋不会对饲草质量产生明显

影响,当调制过程中发生雨淋,会造成青干草的养分大部分流失。其中干物质损失可达 20%～40%,磷的损失达 30%,氮的损失达 20%。

2. 防日晒 阳光的直接照射,可使饲草中所含的胡萝卜素和叶绿素因光合作用而被破坏。

3. 选择有效合理的干燥方法 在干燥方法选择原则上,要尽量减少机械的和人为造成的牧草营养物质损失,应根据当地自然条件、人力、物力、财力的实际情况,灵活掌握。

4. 动作轻缓 在刈割、切割、翻晒、打捆、搬运、堆垛等一系列手工和机械操作时,不可避免地造成枝叶的破碎脱落,因此应动作轻缓以减少损失。

五、青干草的贮藏

青干草的贮藏是青干草调制的最后 1 个环节,如果贮藏不好则前功尽弃。

(一)草棚贮藏 此方法简便易行。可以因陋就简、因地制宜搭建能遮挡雨雪和日晒的草棚,也可利用空房或屋前屋后能遮雨地方贮藏。草棚地上应铺一些能隔潮的垫物,棚顶与干草垛顶端保持 1 米左右的距离,以便通风散热。

(二)露天堆放 此法较为经济、简单。一般选择平坦、干燥、地势较高易排水的地方,将干草堆成长方形或圆形草垛贮藏。一般长方形草堆由于暴露面积较圆形草堆少,营养损失也较少。但圆形草堆表面积大,水分蒸发较快,发生霉烂的危险性较小。

1. 堆放方法 堆垛时由外向里堆,逐层压实,最后填充中间,堆成中间高边缘低,有 45°角的草顶,便于排水。

2. 草垛固定 堆放完成后用绳子或泥土将草垛封压坚固,以防大风吹刮倒散。

(三)注意事项

1. 含水量　当青干草在贮藏时含水量应保持在 15％～17％。

2. 防灾害　无论何种贮藏方式,都应注意饲草的防潮、防火、防雨雪和防牲畜啃食及鼠类的破坏。

3. 定期维护　要采取定期检查维护,发现草垛不正或漏缝,应及时维护。

4. 及时通风　当草垛内的温度达到 50℃左右时,要及时通风散热,较常用的办法是在草垛的不同部位打几个通风眼,让草垛内部温度降下来。

六、青干草的利用

调制完成的青干草可以直接饲喂肉牛,也可以进一步加工为草颗粒或草粉使用。青干草的饲喂一般是放在饲槽中由肉牛自由采食,也可与精饲料配合使用或制成全价混合饲料后使用。青干草是肉牛的基本饲料,适口性好,养分较为均衡,强度育肥牛的青干草可占日粮的 30％,育成牛的日粮中青干草饲喂量可达 80％。

第三节　青贮饲草的调制与利用

一、青贮的意义

青贮饲草是指在密闭青贮设施(壕、窖、塔、袋等)中厌氧条件下,经乳酸菌发酵,或采用化学制剂(添加无机酸、有机酸等)调制,而保存的青绿多汁饲料。青贮饲草有很多优点,它不仅保持青绿饲草的大部分营养,而且口感鲜嫩、多汁,适口性好,并带有一种芳香酸味,能够刺激肉牛的食欲,有效提高饲草的利用价值。此外,我国饲草生产地一般季节性较明显,旺季时节供大于需,淡季缺少青绿饲草。青贮饲草的利用受季节和不利气候因素的影响较小,可以做到常年均衡供应,可有效解决饲草供应与畜牧生产的矛盾,提高饲草的利用率。

二、青贮的原理

青贮发酵是一个复杂的微生物活动和生物化学变化过程。青贮过程中,参与活动的微生物种类很多(乳酸菌、醋酸菌、酵母菌和梭菌等),但主要以乳酸菌为主。

乳酸菌为厌氧菌,最适生长环境 pH 值为 6。正常青贮时,各类乳酸菌在含有适量水分、碳水化合物以及缺氧环境下,快速繁殖,可生成大量乳酸,少量醋酸、丙酸、琥珀酸等。乳酸的大量形成,一方面为乳酸菌本身生长繁殖创造有利条件;另一方面又促使在酸性环境中不能繁殖的其他微生物(如腐败酸菌、酪酸菌等)死亡。当乳酸积累到一定程度,pH 值下降至 4.2 以下,乳酸菌自身亦受到抑制而活动减弱,此时青贮反应过程全部完成。

三、影响青贮效果的主要因素

大量生产实践证明,青贮饲草制作过程中,原料的糖分含量、收割时间、含水量、温度、切碎、装填速度、密闭程度等因素都是影响青贮饲料质量的重要因素。

(一)青贮原料的含糖量 为保证乳酸菌的大量繁殖,产生足量的乳酸,青贮原料中必须有足够数量的可溶性糖分。若原料中可溶性糖分很少,即使其他条件都具备,也不能制成优质青贮饲料。根据青贮原料含糖量,可将青贮原料分为易于、不易于和不能单独青贮的原料(表 4-2)。

1. 易于青贮的原料 如玉米、高粱、禾本科牧草或禾本科饲料作物等,这类饲料中含有适量或较多易溶性碳水化合物,青贮易于成功。

2. 不易于青贮的原料 如紫花苜蓿、三叶草、沙打旺、红豆草、大豆、豌豆、紫云英、马铃薯茎叶等，蛋白质含量较高，含碳水化合物较少，适宜与玉米、高粱等高含糖量的原料混合青贮。

3. 不能单独青贮的原料　如南瓜蔓、西瓜蔓和马铃薯茎叶等，由于含糖量较低，适口性差，单独青贮不易成功，应与高含糖量的原料混合青贮。

表 4-2　一些青贮原料中干物质中含糖量

易于青贮原料			不易青贮原料		
饲料	青贮后 （pH 值）	含糖量 （％）	饲料	青贮后 （pH 值）	含糖量 （％）
玉米植株	3.5	26.8	紫花苜蓿	6.0	3.72
高粱植株	4.2	20.6	草木樨	6.6	4.5
菊芋植株	4.1	19.1	箭筈豌豆	5.8	3.62
向日葵植株	3.9	10.9	马铃薯茎叶	5.4	8.53
胡萝卜茎叶	4.2	16.8	黄瓜蔓	5.5	6.76
饲用甘蓝	3.9	24.9	西瓜蔓	6.5	7.38
芜菁	3.8	15.3	南瓜蔓	7.8	7.03

（引自王成章主编《饲料生产学》）

(二)青贮原料的含水量　青贮原料含水量对青贮发酵过程和青贮饲草的品质均会产生影响。当青贮原料水分过低时，青贮过程中难以踩紧压实，留有较多空气，造成好气性细菌大量繁殖，易使饲料发霉腐败；水分过多时，青贮过程中易压实结块，应在青贮前稍晾干凋萎，使其含水量达到要求后再青贮。也可以将含水量高的原料和低水分原料按适当比例混合青贮，青贮的混合比例以含水量高的原料占 1/3 为合适。

(三)厌氧环境　乳酸菌是厌气性细菌，而腐败菌等有害微生物大多是好气性细菌，如果青贮原料内有较多空气时，就会影响乳酸菌的生长和繁殖,并使腐败菌等有害微生物活跃起来,导致青贮原料变质。为了给乳酸菌创造良好的生长繁殖条件,应尽量将青贮原料踩紧压实排出空气,并注意青贮设施密封良好。

(四)适宜温度 青贮的适宜温度为 23℃～35℃,温度过高或过低,都不利于乳酸菌的生长和繁殖。青贮过程中温度过高,乳酸菌会停止繁殖,导致青贮饲料糖分损失、维生素破坏。青贮温度过低,青贮成熟时间延长,青贮饲料品质也会下降。具体做法如下。

第一,缩短青贮原料装贮时间,在 1～2 天装好密封。

第二,在饲料装贮时,要压紧密封,防止空气进入。

第三,青贮窖(容器)必须远离热源,且防止阳光直晒。

(五)适当密度 青贮原料含水量低时,贮存密度应高些;原料含水量较高时,贮存密度不宜太大,否则易导致青贮饲料变质腐败。

四、青贮饲草调制技术

(一)适期刈割 适期刈割可提高青贮饲草的产量和养分含量,一般豆科牧草以开花初期为宜,禾本科牧草以抽穗期为宜,玉米青贮(带穗)以蜡熟至黄熟期为宜,玉米青贮(无穗)以有多一半绿叶为宜,高粱青贮以蜡熟期为宜。饲草早期刈割营养价值虽高,但单位面积产量偏低;晚期刈割牧草营养成分含量下降,品质较差。

(二)调节水分含量 青贮原料水分含量较高时,可加入干草、秸秆等或晾晒来降低水分,当水分过低时可加水或与新割嫩绿原料混装。

1. 含水量高 青贮原料含水量 70％以上为高水分青贮。

2. 凋萎 青贮原料含水量 60％～70％为凋萎青贮。

3. 半干 青贮原料含水量 50％左右为半干青贮。

(三)切碎 青贮原料必须切碎,以便于装填压实,这样做的优点是:节省空间、人力,提高作业效率,利于排出窖内空气,形成适宜乳酸菌生长繁殖的厌氧环境等。切碎后的青贮原料还可渗出茎秆中的汁液,有利于促进乳酸菌繁殖。考虑到肉牛反刍,青贮原料切割不宜过短,一般在 2 厘米左右,当饲料粗硬时应切得短些,细软时应稍长些。青贮原料切碎后,应立即入窖,以减少养分的损失。

(四)装填和压实

1. 清理设施　在装填切碎好的青贮原料前,要先将青贮设施清理干净。

2. 铺垫　在窖壁四周围一层塑料薄膜,防止漏水漏气,并在窖底铺 15 厘米厚的垫草或切碎的秸秆,以汲取青贮制作过程中渗出的汁液。

3. 装窖　青贮原料应随切碎随装贮,装窖速度要快,注意层层压实,尤其要注意窖的四周边缘和窖角。压实是为了排除空气,紧实与否是成败的关键,原料装填越实越紧,青贮质量越好。

(五)密封　装填完毕应立即严密封埋,先用塑料薄膜盖严,再用土覆盖(30~50 厘米厚),最后压以重物,做到不透气、不漏水。

(六)管护　青贮窖封严后,要注意防雨水渗入,南方多雨地区或季节宜在窖上搭棚防雨,如发现有裂缝应及时覆土修补、压实,还要注意防鼠类啃食污染、防牲畜践踏等。

五、青贮饲草的设施

常用的青贮设施有青贮窖、青贮壕、青贮塔和青贮袋和地面式青贮等。青贮设施多选择在地势高、干燥、距水源较远、离肉牛育肥舍较近的地方,要因地制宜、因陋就简,充分利用当地现有材料建造青贮设施。

六、青贮饲草的利用

青贮饲草经贮藏发酵 40~50 天即可开窖饲喂。

(一)分层取料

1. 平面取料　取青贮饲草要按一定的厚度,从表面一层层地往下取,使其始终保持一个平面,不能由一处挖洞掏取。

2. 适量取料　采取肉牛每天吃多少取多少料的原则,不要1次取料长期饲喂,防止青贮饲草在外部环境下腐烂变质。

3. 及时清理　若发现窖内表层饲草变质,应及时清理。

4. 严格密封　取料后应及时密封窖口,以防青贮饲草长期暴露在空气中造成变质。

5. 避免杂质混入　避免混入杂质,尤其是避免泥土、雨(雪)水混入,引起窖内饲草腐败变质。

(二)饲喂过渡　由于青贮饲草具有酸味,最初饲喂时,肉牛不习惯采食,喂量应由少到多,逐渐增加,使其逐渐适应。有时青贮饲料酸度过大,可用在其中添加小苏打中和,以降低酸度。饲喂时还应根据肉牛的营养需要,将青贮饲草与其他饲料合理搭配饲喂,以提高青贮饲草利用率。应注意的是,妊娠肉牛应减少青贮饲草饲喂量,妊娠后期停止饲喂,以防引起流产。

(三)避免极限温度　开窖取料应尽量避开寒冷或高温天气。冰冻的青贮饲草应解冻后再饲喂,妊娠的肉牛采食冰冻青贮饲草易引起流产。气温过高时青贮饲草易干硬变质或发生二次发酵,造成营养价值降低。

第四节　饲草饲料安全生产

一、饲草饲料安全生产的意义和概况

饲草饲料安全是指饲草饲料中不应含有对饲养动物的健康与生产性能造成实际危害的有毒、有害物质或因素,并且这类有毒、有害物质或因素不会在牛肉中残留、蓄积和转移而危害人体健康,或对人类的生存环境构成威胁。所以,重视和实施饲草饲料安全生产具有战略性意义。

饲草饲料是肉牛的日粮,而牛肉是人类的蛋白质食物之一,与人民生活水平和身体健康紧密相关。众多的病原菌、病毒及毒素,如沙门氏菌、大肠杆菌、黄曲霉毒素等;农药、兽药、各种添加剂、激素、放射性元素等环境污染物,这些有毒有害物质通过食物链进入肉牛体内被富集,再通过牛肉的形式进入人体。所以,人往往是终端生物富集者,有毒有害物质在人体内的蓄积程度最高。同时,这些有毒有害物质对环境也造成了危害,有一部分物质能引起微生物产生耐药性或引起人体产生过敏等带来公共卫生上的问题,这些都是不容忽视的。

二、影响饲草饲料安全生产的主要因素

(一)饲草饲料种类　不同种类的饲草饲料有害物质的含量有显著的差别,同一种饲草不同生育期、不同部位的有害物质含量也有所不同。含有害物质的饲草,如果不加以处理直接饲喂,或者长期大量饲喂都会导致肉牛采食中毒。有些饲草饲料中的有害物质还可能通过肉类间接地危害人类健康。饲草饲料中有毒物质主要有硝酸盐、亚硝酸盐、氢氰酸、芥子苷、皂苷、生物碱和单宁等。毒素的毒害作用随毒素进入肉牛体内的途径、速度和肉牛的年龄、性别、个体特征等变化而不同。影响最大的是亚硝酸盐和氢氰酸中毒,青鲜饲草饲料在小火焖煮或潮湿堆放发热的情况下,可促使硝酸盐转变为亚硝酸盐;肉牛的饲草饲料搭配不合理,含硝酸盐饲草饲料太多时,也可在瘤胃中形成亚硝酸盐。引发氢氰酸中毒的常见植物有高粱苗、高粱叶和高粱糠,亚麻籽饼及亚麻穗、亚麻蕾、杏、桃、李、梅、樱桃、枇杷等的果仁和叶,还有三叶草、南瓜叶、棉籽、未成熟的竹笋、黑接骨草、紫杉、水麦冬、木薯等。

(二)生长环境　随着海拔、光照条件、温度、土壤等环境条件

的变化,饲草饲料中的有害物质含量也随之变化。如温带饲草生物碱含量要低于热带饲草,土壤干旱的条件下植株体内硝酸盐含量会上升,随着气温的降低高粱中氢氰酸的含量随之上升。特别是施氮肥、除草剂,土壤干旱、虫害、日照不足,土壤中缺乏铜、铁、钼、锰等元素都会影响饲草饲料的安全。

(三)耕作工艺　饲草饲料中有害物质含量,受刈割次数、留茬高度、施肥量等耕作工艺影响。如燕麦刈割后的再生茎叶毒素含量较高;土壤中氮肥施入量的增加与所种植的饲草作物植株中硝酸盐含量、生物碱含量可能成正比。

(四)调制与贮藏　一些饲草饲料由于加工调制、贮存方法不当,产生毒害物质,引起牲畜中毒。如青绿饲草在温度、湿度较高的环境下堆放时间过长,或蛋白质含量较高的饲草在发酵过程中都易产生有毒物质。未成熟、发绿、发芽的马铃薯龙葵苷含量可达0.5%,而成熟的马铃薯块茎、茎叶中龙葵苷含量仅为0.004%。

(五)饲喂方式　长期大量饲喂单一饲草,或饲草混配比例不当或饲喂腐败变质的饲草,都可引起肉牛采食性中毒。饲喂苜蓿过多,肉牛易患臌胀病;水浮莲饲喂过多,可引起肉牛蓄积性中毒;饲喂发霉变质的草木樨可引起中毒。

三、饲草饲料安全生产的控制

为使饲草饲料安全生产,免除或减少有毒饲草饲料对肉牛的危害,可对一些有毒饲草饲料进行去毒处理,消除或降低毒害物质含量,以期达到安全高效科学利用饲草饲料的目的。主要饲草饲料去毒方法如下。

(一)苜蓿去毒　苜蓿中的皂苷和光过敏物质为有害物质。可将苜蓿与禾本科饲草混播放牧,或将苜蓿刈割后与其他饲草搭配饲喂,还可将新鲜苜蓿晒制成干草后饲喂。此外,青贮也可有效降低苜蓿中皂苷含量。

(二)沙打旺去毒　沙打旺为低毒黄芪属饲草,由于植株体内含有可引起肉牛中毒的脂肪族硝基化合物,饲喂前可采用青贮、调制成干草或草粉、搭配其他饲草限量饲喂等措施达到降低毒害物质含量、科学饲喂的目的。

(三)草木樨去毒　草木樨中含有的香豆素和双香豆素为有毒成分,可以引起肉牛急性中毒死亡。可采取适时(孕蕾期前)刈割、晾晒调制、与其他饲草混合饲喂、石灰水(1%浓度)浸泡等方法降低有害物质含量。

(四)三叶草去毒　三叶草不宜连续大量饲喂,可与其他饲草混合饲喂,或者混合青贮,也可调制成青干草或草粉后饲喂肉牛。

(五)青绿饲草去毒　青绿饲草中的白菜、甘蓝、萝卜和甜菜等如处理不当[堆放时间过长,发霉腐败,蒸煮不充分,被含硝酸盐(亚硝酸盐)的水污染等]易引起硝酸盐(亚硝酸盐)中毒。为避免此类情况发生,青绿饲草应随采随喂,摊开存放,防止有害物质产生或积累。

第五章　饲料处理实用技术

第一节　青贮饲料

青贮是指青秸秆饲料通过控制发酵,使其在多汁状态下保存下来的方法。青贮饲料即是用这种控制发酵法生产的饲料。含糖量较高的玉米茎叶、高粱茎叶、甜菜、胡萝卜和禾本科牧草都可用来制作青贮饲料。

一、青贮原料来源

在广大的农村牧区,凡是无毒、无害的绿色植物和秸秆等,都是调制青贮的好原料。如玉米、高粱、小麦、水稻秸秆等。

二、青贮饲料的优点

(一)营养损失少　青贮饲料在制作过程中,可以较多地保存青饲料中含有的养分。在保存良好的青贮料中,养分损失一般为3%～10%,保持青鲜状态的青贮饲料含水分60%～70%,并能保存大量的维生素,其中胡萝卜素几乎不受损失。而将青饲料在成熟后晒干,养分损失高达30%～45%。

(二)适口性好　质量良好的青贮饲料其质地柔嫩,略带芳香和酸味,适口性好,牛羊等草食家畜喜食。

(三)易于保存　在青饲料缺乏的冬季,青贮饲料是替代青饲料最主要的饲料,由于可长期贮存,可长时间用于饲喂,是泌乳牛和肉牛的优质饲料。在容积方面,每平方米干草垛为70千克,而每平方米青贮窖贮存青贮饲料可达500～700千克。

(四)有净化作用　青贮过程中,经过发酵可杀死寄生在秸秆上准备越冬的许多害虫的幼虫及虫卵。许多杂草种子,经过发酵后就失去了发芽能力。

第二节　青绿饲料

一、青绿饲料的种类

用于饲喂肉牛的青绿饲料品种很多,常用的有苜蓿草、白薯秧、青玉米秸、青大麦、青燕麦、蔬菜类和野青草等。

二、青绿饲料的优点

这类饲料的特点是含水量多,占 75%～90%,含干物质少,仅为 5%～10%,营养价值较低,但含有丰富的维生素和钙质。幼嫩的青饲料因含纤维素少,柔软,青新,适口性好,牛爱吃。青饲料中还含有酶、激素和有机酸等,故有助于机体对饲料的消化和吸收。

三、饲喂青绿饲料应注意的问题

(一)防止饲喂过量　饲喂青绿饲料时应特别注意控制饲喂量,否则,当饲喂量过大,将限制了其他营养物质的采食量,结果造成能量不足。因此,肉牛每天对青绿饲料的采食量不能超过体重的 10%。对于强化育肥的肉牛,在饲喂青绿饲料时,日粮中必须补充足够的能量物质。

(二)防止个别植物本身中毒　高粱、玉米、木薯等新鲜植物均含有不同含量的氰苷配糖体,通过植物自身体内脂解酶的作用,使氰苷配糖体产生氢氰酸,所以在饲喂时,应注意防止饲喂过量导致中毒。豆科青草如苜蓿等,在饲喂时应控制喂量,每次喂量不宜过多,防止发生瘤胃臌气。

（三）**防止农药中毒**　刚喷洒过农药的蔬菜、青玉米及田间的杂草，不能立即用来饲喂肉牛，以防农药中毒。经过喷洒过农药的植物必须经过 1 个月的药效衰减，使植物叶茎上的药物残留量降低或药效消失后才可饲喂。

第三节　精饲料

肉牛的精饲料包括能量饲料和蛋白质饲料。

一、能量饲料

能量饲料指含无氮浸出物和总消化养分多（粗纤维含量低于18%，蛋白质含量低于 20%）的饲料。主要包括玉米、高粱、大麦、燕麦等。

（一）**玉米**　玉米含淀粉多，是饲料中能量含量最高的一种饲料，也是肉牛主要的一种精饲料，在育肥时要保证充足供给。玉米中含粗蛋白质少，平均为 8.9%。玉米中含有不饱和脂肪酸，磨碎的玉米易酸败变质，不能长久贮存，因此磨碎的玉米应及时饲喂，特别是在潮湿的季节或地区，应现用现磨碎。

（二）**高粱**　高粱中蛋白质含量为 8%～16%，平均为 10%。高粱含单宁酸多，有苦涩味，适口性较差，喂量不能过多，每日以0.5～1 千克为宜，否则易引起大便干燥。

（三）**大麦**　大麦的粗纤维含量为 7%，粗蛋白质含量为12%～13%，其中含蛋氨酸、色氨酸和赖氨酸较多。大麦外壳坚硬，喂前必须压扁，但不能磨细，否则会降低适口性。

二、蛋白质饲料

蛋白质饲料是指在绝对干物质中粗纤维含量低于 18%，粗蛋白质含量为 20% 以上的饲料。包括豆类、饼粕类和动物性饲料。

(一)**大豆**　大豆是最常用的一种蛋白质补充饲料。以干物质计算,大豆中粗蛋白质含量为 40%~50%,粗纤维为 5%,钙、磷含量较高。

(二)**棉籽饼**　棉籽饼分去壳与未去壳两种。粗蛋白质含量为 33%~40%。因其氨基酸成分含量不如豆饼,在生产中常与豆饼配合饲喂。在缺少大豆饼的情况下,棉籽饼可以代替豆饼,但应控制喂量,防止棉酚在体内蓄积而引起中毒。

(三)**花生饼**　花生饼分带壳与不带壳两种。花生饼中粗蛋白质含量为 38%~43%,粗纤维含量为 7%~15%。由于花生饼略有甜味,适口性好,在饲喂时采食过多,易引起腹泻。花生饼易受潮变质,不易贮存,在南方和潮湿的季节要注意防潮或采取随进随喂方式,防止因环境潮湿导致贮存的花生饼发霉造成损失。变质的花生饼易产生黄曲霉毒素,用变质的花生饼饲喂肉牛容易引起中毒。

(四)**葵花籽饼**　去壳葵花籽饼的粗蛋白质含量为 24%~44%,粗纤维为 9%~18%;不去壳的粗蛋白质约为 17%,含粗纤维约为 39%,与其他饼类饲料配合,可提高葵花籽饼的消化率。

(五)**菜籽饼**　菜籽饼因具有辛辣味,适口性差。饲喂时,应控制喂量,每日每头喂量在 1~1.5 千克为宜,过多饲喂时引起中毒。不要用菜籽饼饲喂犊牛和妊娠母牛。

(六)**亚麻籽饼(胡麻籽饼)**　胡麻籽饼是一种优质蛋白质饲料。含粗蛋白质为 34%~38%,粗纤维为 7%,钙为 0.4%,磷为 0.83%。胡麻饼中所含的黏性物质能吸收水分而膨胀,在瘤胃中停留时间延长,有利于充分消化吸收;黏性物质能润滑胃肠壁,保护胃肠黏膜,还有防止便秘的作用。

(七)**豆腐渣**　豆腐渣干物质中粗蛋白质含量高,适口性好,因含水量高,易酸败,不能存放,每日每头喂量 3~5 千克,过多饲喂易引起牛腹泻。

(八)尿素 纯尿素含氮量为 47%。1 千克尿素相当于 2.8 千克蛋白质的营养价值,也相当于 7 千克豆饼、5～8 千克油渣和 26～28 千克谷物饲料中的蛋白质。适量饲喂尿素可提高日粮中粗蛋白质含量,起到补充蛋白质的作用。在饲喂时要严格控制喂量,注意不能将尿素溶于水中饮牛,否则会发生尿素中毒。

第四节 秸秆饲料的加工与调制

一、青贮饲料

通常采用的青贮设施有青贮窖、青贮壕、青贮塔和地面堆贮等。青贮设施应选在地势高燥、土质坚实、地下水位低、靠近畜舍的地方,注意远离水源和粪坑。塑料袋装的青贮应存放在取用方便的僻静地方。青贮设施内部表面应光滑平坦,四周不透气、不漏水、密封性好。

(一)青贮壕 青贮壕主要有地下式和半地下式两种。实践中多采用地下式,以长方形的青贮壕为好,壕的边缘要高出地面 50 厘米左右,以防止周边的雨水浸入。在青贮壕填装时青贮料要高出壕沿上端 50 厘米左右并压实。在地下水位高的地方采用半地下式,地面倾斜以利于排水,最好用砖石砌成永久性壕,以保证密封性能和提高青贮效果。青贮壕的优点是便于人工或机具装填压紧和取料,对建筑材料要求不高,造价低。缺点是密封性较差,养分损失较多,需耗较多劳力。

(二)青贮窖 青贮窖可分为地下式和半地下式两种。青贮窖和青贮壕结构基本相似,一般用砖石砌成,窖深达 3～4 米,上大下小,底部呈弧形,窖容积为 10～30 立方米。

(三)青贮塔 用砖和水泥建成的圆形塔。高 12～14 米,直径 3.5～6 米。在一侧每隔 2 米留 0.6 米×0.6 米的窗口,以便装取饲料。有条件的地方用不锈钢、硬质塑料或水泥筑成永久性大型塔,坚固耐用,密封性好。塔内装满青贮原料后,发酵过程中会有液汁产生,这些液汁会受自重和秸秆的挤压而沉向塔底,底部设有排液装置。塔顶呼吸装置使塔内气体在膨胀和收缩时保持常压。取用青贮饲料通常采用人工作业和机械作业等多种方式。

(四)青贮袋　一般选用塑料袋青贮。规格为宽 80～100 厘米、厚 0.8～1 毫米的塑料薄膜,以热压法制成约 200 厘米长的袋子。可装料 200～250 千克,但便于运输和饲喂,一般装填原料不超过 150 千克。原料含水量应控制在 60% 左右,防止因含水量过高造成袋内积水。此法优点是省工、投资少、操作方便和存放地点灵活,且养分损失少,还可以商品化生产。

(五)草捆青贮　用打捆机将新收获的玉米青绿茎秆打捆,利用塑料袋密封发酵而成,含水量控制在 65% 左右。草捆青贮主要有 3 种形式:一是草捆装袋青贮。将秸秆捆后装入塑料袋,系紧袋口密封堆垛。二是缠裹式青贮。用高拉力塑料缠裹成捆,使草与空气隔绝,内部残留空气少,有利于厌氧发酵。三是堆式圆捆青贮。将秸秆压成紧垛后,再用大块结实塑料布盖严,顶部用土或沙袋压实,使其不能透气。但堆垛不宜过大,每个秸垛打开饲喂时,需在 1 周之内喂完,以防二次发酵变质。

(六)地面青贮

1. 方法一　在地下水位较低的地方采用砖石结构的地上青贮窖,其壁高 2～3 米,顶部隆起,以免受季节性降水(雪)的影响。通常是将青贮原料逐层压实,顶部用塑料薄膜密封,然后堆垛并在其上压以重物。

2. 方法二　将青贮原料按照青贮操作程序堆积于地面,压实后,用塑料薄膜封严垛顶及四周。此方法应选择地势较高而平坦的地块,先铺垫一层旧塑料薄膜,再铺一块稍大于堆底面积的塑料薄膜,然后在塑料上堆放青贮原料,逐层压紧,垛顶和四周用完整的塑料薄膜覆盖,四周与垛底的塑料薄膜重叠封闭,再用真空泵抽出堆内空气使呈厌氧状态。塑料薄膜外面用草帘覆盖保护。

二、青贮饲料的调制

(一)适时收割 优质的原料是调制优良青贮饲料的物质基础。青贮饲料的营养价值,除与原料的种类和品种有关外,还受收割时期的直接影响。适时收割能获得较高的收获量和较高的营养价值。从理论上说,玉米的适宜收割期在抽穗期前后,但收割适期仍要根据实际需要,因地制宜通过试验适时收割。专用青贮玉米即带穗全株青贮玉米,过去提倡采用植株高大、较晚熟品种,在乳熟期至蜡熟期收割。现在多采用在初霜期来临前能够达到蜡熟末期并适宜收获的品种。在蜡熟末期收获虽然消化率有所降低,但单位面积的可消化养分总量却有所增加(表5-1)。这是因为在收获物中增加了营养价值很高的籽粒部分。早熟品种干物质中籽粒含量为50%,中熟品种为32.8%,晚熟品种只有25%左右。籽粒作粮食或精饲料,秸秆作青贮原料的兼用玉米,多选用在籽粒成熟时其茎秆和叶片大部分呈绿色的杂交种,在蜡熟末期及时采摘果穗,抢收茎秆青贮。

表5-1 青贮玉米不同收获期的营养成分及消化率 (%)

收获期	干物质	粗蛋白质		粗脂肪		粗纤维		无氮浸出物	
		成分	消化率	成分	消化率	成分	消化率	成分	消化率
抽穗期	15	1.6	61	0.3	69	4.6	64	7.8	15
乳熟期	19.9	1.6	59	0.5	73	5.1	62	11.6	19.9
蜡熟期	26.9	2.1	59	0.7	79	6.2	62	11.6	26.9
完熟期	37.7	3.0	58	1.0	78	7.8	62	24.2	37.2

(二)调节含水量 青贮原料的含水量是决定青贮成败最重要的因素之一。一般青贮原料的调制,适宜含水量为70%左右。刘

割后直接青贮的原料含水量较高,可加入干草、干秸秆等或稍加晾晒以降低含水量。谷物秸秆含水量低,可加水或与新割的嫩绿原料混合填装。测定青贮原料含水量的方法,一般是以手抓法估测大致的含水量。将切碎的不超过 1 厘米的原料在手里握成团,当松开手时若草团慢慢散开,无汁液或渗出很少的汁液,含水量即在70%左右。

（三）切碎和填装　将原料切碎,便于压实增加窖中贮存饲料的密度,使植物细胞渗出汁液润湿饲料表面,同时使糖分排出,有利于乳酸菌的繁殖和青贮饲料品质的提高。切碎还可减少原料间隙中的空气含量,提高青贮窖的空间利用率。此外,切碎还便于取用和肉牛采食。带果穗全株青贮,在切碎过程中可将籽粒打碎,以提高饲料利用率和营养价值。原料切碎的程度可视原料的粗细、硬度、含水量等决定。饲喂肉牛可将秸秆切成 0.5～2 厘米长为宜。切碎工具有青贮联合收割机、青贮料切碎机和滚筒铡碎机等。

青贮原料入窖前,要清洁青贮设施。装填青贮原料要快捷迅速,避免空气将饲料中营养成分分解而导致腐败变质。一个青贮窖设施在装填青贮原料时,要在 1～2 天装填压实,填装时间越短,青贮品质就越好。青贮窖（壕）的窖底可铺一层 10～15 厘米厚的切短的秸秆软草,以便吸收青贮汁液,同时也能防止短秸秆刺破薄膜,导致漏水。窖壁四周也要衬一层塑料薄膜,以加强密封性能和防止漏渗水。原料装入圆形青贮设备时,要一层一层均匀铺平;如为青贮壕,可酌情分段依次序装填。

（四）贮料压实　青贮壕装填原料时,须用履带式拖拉机或用人力层层压实,尤其要注意周边部位。越压紧越易造成厌氧环境,有利于乳酸菌的活动和繁殖。在压实过程中要注意清洁,不要带进泥土、油垢等,以免污染青贮原料。特别要禁止铁钉、铁丝混进青贮原料中,避免牛食后造成瘤胃穿孔。有条件的地区可以采用真空青贮技术,即在密封条件下,将原料中的空气用真空泵抽出,为乳酸菌繁殖创造厌氧环境条件。

(五)密封与管理 青贮原料装填完毕后,立即密封覆盖,以防止空气与原料接触和雨水进入。当原料装填压紧与窖口齐平时,中间可略高一些,在原料上面盖 1 层 10～20 厘米厚的切断的秸秆,覆盖薄膜,再覆上 30～50 厘米厚的细土,踩踏成馒头形。密封后须经常检查,发现漏气要及时修补以杜绝透气并防止雨水渗进窖内。

(六)开窖使用 饲料经过青贮 40～60 天即可使用。每次使用时最好从上向下取,不要挖成深坑,以免青贮饲料发生二次发酵而造成过多的营养损失。青贮窖一旦打开就要连续取用,要一层层向下取料,保持一个平面,每次至少要取出 6～7 厘米厚的青贮饲料。如必须停止饲喂,应按照原有方法重新密封好,否则会造成青贮饲料的品质和气味发生变化。

(七)青贮饲料的品质鉴定 优质青贮饲料具有以下特征:酸香可口、芳香无丁酸味或强酸味;茎叶构造良好;色泽呈绿色或淡黄色;水分均匀;pH 值在 3～4;干物质含量在 25% 以上(表 5-2)。

表 5-2　青贮饲料气味及辨别

气　　味	评定结果	可饲喂的家畜
具有酸香味,略有醇酒味,给人以舒适的感觉	品质良好	各种草食家畜
香味极浓或没有,具有强烈的醋酸味	品质中等	除妊娠母牛及幼畜以外的草食家畜
具有一种特殊的臭味,并且腐败发霉	品质劣等	不宜任何家畜

1. 颜色 绿色或黄绿色——品质良好;黄褐色或暗绿色——品质中等;褐色或黑色——品质劣等。

在高温发酵条件下制成的青贮饲料多呈褐色,如果酒香味较浓,仍属优质青贮饲料。

2. 质地结构　柔软略带湿润,茎叶保持原来状态——品质良好;松散、干燥、粗硬——品质中等;发黏、腐烂——品质劣等。

青贮饲料是优质多汁饲料,经过短期训饲,肉牛均喜采食。对个别肉牛的训饲方法可在空腹时先喂青贮饲料(最初少喂,逐步增多),然后再喂草料;或将青贮饲料与精饲料混拌后先喂,然后再喂其他饲料;或将青贮饲料与草料拌匀同时饲喂。母牛应在挤奶后喂青贮饲料,妊娠母牛宜少喂,产前应停喂,防止引起流产,不可喂冰冻的青贮饲料。取出的青贮饲料应当天用完,不宜留置过夜,以免变质。

三、秸秆碱化

秸秆饲料碱化方法自发明以来,已有近 100 年的历史,虽然方法在不断改进,但使用碱性物质处理秸秆,提高消化率,至今仍是较为有效的化学处理方法。

(一)氢氧化钠(NaOH)碱化法

1. 湿法碱化法　所谓湿法碱化,是将秸秆浸泡在 1.5% 的氢氧化钠溶液中。每 100 千克秸秆需要 1 000 千克碱溶液,浸泡 24～48 小时后,捞出秸秆,沥去多余的碱液(碱液仍可重复使用,但需不断增加氢氧化钠,以保持碱液浓度),再用清水反复清洗。这种方法的优点是,可提高饲料消化率 25% 以上,效果显著;缺点是在清水冲洗过程中,有机物及其他营养物质损失较多和污水量大,需要净化处理,否则会污染环境。因此,这个方法在 20 世纪 60 年代后较少采用。

2. 干法碱化法　鉴于湿法碱化法存在上述缺点,现在的方法是用占秸秆风干重 4%～5% 的氢氧化钠,配制成浓度为 30%～40% 的碱溶液,喷洒在粉碎的秸秆上,堆积数日后不经冲洗,直接喂饲肉牛。通过这样处理过的秸秆其消化率可提高12%～20%。此方法的优点,不需用清水冲洗,可减少有机物的损失和对污水的处理,并便于机械化生产。但肉牛长期饲喂碱化饲料,其粪便中钠离子(Na^+)增多,若用作肥料,对土壤有一定的影响,长期使用会导致土壤碱化。

3. 喷洒碱水快速碱化法 将秸秆铡成2～3厘米的长短,每千克秸秆喷洒5%的氢氧化钠溶液1千克,喷洒并搅拌均匀,经24小时后即可喂用。处理后的秸秆呈潮湿状,鲜黄色有碱味。肉牛喜食,比未处理秸秆采食量增加10%～20%。处理后的秸秆pH值为10左右。若不补饲其他饲料时,碱化秸秆的氢氧化钠溶液浓度可为5%,若饲喂经碱处理秸秆饲料只占日粮50%时,其所饲喂碱化饲料中的碱液浓度可提高至7%～8%。

4. 喷洒碱水堆放发热处理法 使用25%～45%氢氧化钠溶液,均匀喷洒在切短的秸秆上,每吨秸秆喷洒30～50千克碱液,充分搅拌混合后,立即把潮湿的秸秆堆积起来,每堆秸秆重量可达3～4吨。因氢氧化钠与秸秆间发生化学反应所释放的热量,可使堆放后的秸秆堆内温度上升至80℃～90℃。温度在第三天达到高峰,以后逐渐下降,到第十五天恢复到环境温度水平。秸秆处理前含水量低于17%,经堆放后由于发热水分被蒸发,使秸秆的含水量达到适宜保存的水平,若在堆放前秸秆水分高于17%,就会造成产热不足和不能充分干燥,草堆可能发霉变质。经堆放发热处理的碱化秸秆,消化率可提高15%左右。

5. 喷洒碱水封贮处理法 此法适于收获时尚绿或收获时下雨的湿秸秆,用25%～45%氢氧化钠溶液,每吨秸秆需60～120千克碱液,均匀喷洒后可保存1年。由于秸秆含水量高,封贮的秸秆温度不能显著上升。从外观和营养价值看,用这种方法处理的秸秆和快速碱化处理的秸秆相同。

6. 氢氧化钠与生石灰混合处理法 将原料含水率达65%～

75%的高水分秸秆,整株平铺在水泥地面上,每层 15～20 厘米厚,用喷雾器喷洒 1.5%～2%的氢氧化钠和 1.5%～2%生石灰混合液,分层喷洒并压实。每吨秸秆需喷 0.8～1.2 吨混合液,经7～8天,秸秆内温度达到 50℃～55℃,秸秆呈淡绿色,并有新鲜的青贮味道。处理后的秸秆粗纤维消化率可由 40%提高至 70%。用氢氧化钠与生石灰混合液处理秸秆,不仅提高秸秆饲料的消化率,同时使动物获得适当的钙和钠。如果仅利用一种碱,则因饲料中某种物质积累过多,会影响肉牛的采食。

用此法处理干秸秆,每吨秸秆需混合液 0.8～1.2 吨,处理后的秸秆有机物消化率达到 69%～72%,粗脂肪、粗纤维消化率达 77%～82%。

7. 草捆浸渍碱化法　将切碎的秸秆压成捆,浸泡在 1.5%的氢氧化钠溶液里,经浸渍 30～60 分钟捞出,放置 3～4 天进行熟化,即可直接喂饲牲畜,有机物消化率可提高 20%～25%。

(二)生石灰碱化法　用生石灰水处理秸秆,在国外已应用多年。制备石灰溶液要求用含氧化钙(CaO)不少于 90%的生石灰,每吨秸秆需 30 千克生石灰,将生石灰放入 2～2.5 立方米清水中熟化,充分搅拌后使其自然澄清,并添加 10～15 千克食盐,用澄清液浸泡切碎的秸秆,经 24 小时浸泡后,把秸秆捞出,放在倾斜的木板上,使多余的水分沥出,再经过 24～36 小时,即可饲喂牲畜。这种方法可提高营养价值 0.5～1 倍。但用水量较大,污水对环境影响也比较大。石灰水碱化秸秆的主要优点是,成本低廉,原料各地都有,可以就地取材。

四、秸秆氨化

在农村,每年在收获谷物的同时,会产生大量的作物秸秆,如玉米秸秆、小麦秸秆、高粱秸秆等,秸秆经氨化处理后,可用来饲喂肉牛,起到"过腹还田"的作用。秸秆氨化后,一是可提高秸秆的营养价值,一般可提高粗蛋白质含量 4%~6%。二是可以提高秸秆的适口性和消化率,一般采食量可提高 20%~40%,消化率提高 10%~20%,还可使母牛的产奶量提高 10%左右。三是氨化秸秆的成本低,操作简单,易于推广。

(一)氨化池氨化法

1. 选址与规格 选取向阳、背风、地势较高、土质坚硬、地下水位低,而且便于制作、饲喂、管理的地方建氨化池。池的形状可为长方形或圆形。池的大小及容量根据氨化秸秆的数量而定,而氨化秸秆的数量又决定于饲养肉牛的种类和数量。一般每立方米池可装切碎的风干秸秆 100 千克左右(1 头体重 200 千克的牛,年需氨化秸秆 1.5~2 吨)。挖好池后,用砖或石头铺底,砌垒四壁,水泥抹面。

2. 切碎 将秸秆粉碎或切成 1.5~2 厘米长的小段。

3. 氨水比例及含水量 将秸秆重量 3%~5%的尿素用温水配成溶液,温水多少视秸秆的含水量而定,一般秸秆的含水量为 12%左右,而秸秆氨化应该使秸秆的含水量保持在 40%左右,所以温水的用量一般为每 100 千克秸秆加 30 升左右。

4. 制作 将配好的尿素溶液均匀地洒在秸秆上,边洒边搅拌,或者一层秸秆均匀喷洒 1 次尿素溶液,边装边喷洒边踩实。

5. 密封 装满池后,用塑料薄膜盖好池口,四周用土覆盖密封。

(二)窖贮氨化法

1. 选址与规格 选择地势较高、干燥、土质坚硬、地下水位低、距畜舍近、存取方便、便于管理的地方挖窖。窖的大小根据贮量而定。窖可挖成地下式或半地下式,土窖或水泥窖均可。但窖必须不漏气、不漏水,土窖壁一定要修整光滑。若用土窖,可用 0.08~0.2 毫米厚的农用塑料薄膜平整地铺在窖底和四壁,或者在原料入窖前在底部铺一层 10~20 厘米厚的秸秆或干草,以防潮湿,窖周围紧密排放一层玉米秸以防窖壁上的土进入饲料中。

2. 秸秆切碎　将秸秆切成 1.5～2 厘米长的小段。

3. 尿素配制　配制尿素水溶液,方法同上。

4. 制作　秸秆边装窖,边喷洒尿素水溶液,方法同上。

5. 密封　原料装满窖后,在原料上盖一层 5～20 厘米厚的秸秆或碎草,上面覆土 20～30 厘米,并踩实。封窖时,原料要高出地面 50～60 厘米,以防雨水渗透。经常检查,如发现裂缝要及时补好。

(三)塑料袋氨化法　塑料袋的大小以方便使用为好,塑料袋子一般为 2.5 米长,1.5 米宽,最好用双层塑料袋。把切短的秸秆,用配制好的尿素水溶液(方法同上)均匀喷洒,装满塑料袋后,封严袋口,放在向阳的干燥处。存放期间,应经常检查,若嗅到袋口处有氨气味,应重新扎紧,发现塑料袋有破损,要及时用胶带封住。

(四)氨化饲料的品质鉴定　秸秆氨化一定时间后,就可开窖饲用。氨化时间的长短要根据气温而定。气温低于 5℃,需 56 天以上;气温为 5℃～10℃,需 28～56 天;气温为 10℃～20℃,需 14～28 天;气温为 20℃～30℃,需 7～14 天;气温高于 30℃,只需 5～7 天。氨化秸秆在饲喂肉牛之前应进行品质鉴定,一般来说,经氨化的秸秆颜色应为杏黄色,氨化的玉米秸为褐色,质地柔软蓬松,用手紧握有明显的扎手感。氨化的秸秆有糊香味和刺鼻的氨味。氨化玉米秸的气味略有不同,既有青贮的酸香味,又有刺鼻的氨味。若发现氨化秸秆大部分已发霉时,则不能用于饲喂肉牛。

(五)氨化秸秆的饲喂方法　窖开封后,经品质检验合格的氨化秸秆,需在阴凉的通风处晾晒几天,消除氨味后方可饲喂。晾晒时,应将刚取出的氨化秸秆放置在远离畜舍和住所的地方,以免释放的氨气刺激人、畜呼吸道和影响肉牛食欲。若秸秆的湿度较小,天气寒冷,通风时间应较长。取喂时,应将每天要喂的氨化秸秆于饲喂前 2～3 天取出晾晒放氨,其余的再密封起来,防止氨化秸秆在短期内饲喂不完因暴露空气中而发霉变质。

氨化秸秆只适用于饲喂牛、羊。肉牛初喂氨化秸秆时要逐步让其适应,如在饲喂氨化秸秆的第一天,将 1/3 的氨化秸秆与 2/3 的未氨化秸秆混合饲喂,以后逐渐增加,数日后肉牛就接受采食氨化的秸秆。氨化秸秆的饲喂量一般可占肉牛日粮的 70%～80%,肉牛饲喂氨化秸秆后 0.5～1 小时方可饮水,饥饿的肉牛不宜大量饲喂氨化秸秆。有条件的地区,可适当搭配一些含碳水化合物较高的饲料,并配合一定数量的矿物质和青贮饲料饲喂,以便充分发挥氨化秸秆的作用,提高利用率。如发生饲喂不合理导致肉牛中毒现象,也不必惊慌,喂食醋 500 克即可缓解。

五、秸秆微贮

秸秆微贮就是把农作物秸秆加入微生物高效活性菌种,放入一定的密封容器(如水泥池、土窖、缸、塑料袋等)中或地面发酵,经一定的发酵过程,使农作物秸秆变成带有酸、香、酒味,肉牛喜爱的饲料。因为它是通过微生物使贮藏中的饲料进行发酵,故称微贮。农作物秸秆经微生物发酵贮存制成的优质饲料称为秸秆微贮饲料。该法具有成本低、效益高、适口性好、采食量高、消化率高、制作容易、贮存时间长、利于工业化生产等特点,对于开发秸秆资源,进一步加快节粮型草食家畜的发展,将起到积极的推动作用。

(一)微贮设施 微贮可用水泥池、土窖,也可用塑料袋。水泥池是用水泥、黄沙、砖为原料在地下砌成的长方形池子,最好砌成两个大小相同的,以便交替使用。这种池子的优点是不易进水、进气,密封性好,经久耐用,成功率高。土窖的优点是:土窖成本低,方法简单,贮量大。但要选择地势高、土质硬、向阳干燥、排水容易、地下水位低的地方,在地下水位高的地方不宜采用。水泥池和土窖的大小应根据需要量设计建筑,深度以 2 米为宜。

(二)菌种复活　秸秆发酵活杆菌每袋 3 克,可处理麦秸、稻草、玉米秸 1 吨或青绿秸秆 2 吨(如干酪乳杆菌、植物乳杆菌可按照说明使用,同时要遵守国家有关规定,不得使用禁止添加的添加剂或药物)。

1. 菌液复活　先将菌剂倒入 200 毫升水中充分溶解,然后在常温下放置 1～2 小时,使菌种复活(复活好的菌种一定要当天用完,不可隔夜)。

2. 菌液的配制　将复活好的菌液倒入充分溶解的 0.8%～1% 食盐水中拌匀。请按表 5-3 用量计算。

表 5-3　菌液各成分配制比例

种　类	重　量 (千克)	活杆菌 (克)	食　盐 (千克)	自来水 (升)	微贮含水量 (%)
稻草、麦秸	1000	3.0	9～12	1200～1400	60～70
玉米秸秆	1000	3.0	6～8	800～1000	60～70
青玉米秸秆	1000	1.5	5	适量	60～70

3. 秸秆切短　用于微贮的秸秆一定要切短,养牛用 5～8 厘米。这样,易于压实和提高微贮窖的利用率及保证贮料的制作质量。

4. 喷洒菌液　将切短的秸秆铺在窖底,厚 20～25 厘米,均匀喷洒菌液,压实后再铺 20～25 厘米厚的秸秆,再喷洒菌液,压实,直到高于窖口 40 厘米,再封口。如果当天装窖没装满,可盖上塑料薄膜,第二天再装窖时揭开塑料薄膜继续装填。

5. 加入玉米粉等营养物质　在微贮麦秸和稻秸时应加 5% 的玉米粉、麦麸或大麦粉,以提高微贮料的质量。加大麦粉或玉米粉、麦麸时,铺一层秸秆撒一层粉,再喷洒 1 次菌液。

6. 水分的控制与检查　微贮饲料的含水量是否合适,是决定微贮饲料优劣的重要条件之一。因此,在喷洒和压实过程中,要随时检查秸秆的含水量是否合适,各处是否均匀一致,特别要注意层与层之间水分的衔接,不要出现夹干层。含水量的检查方法是:抓取秸秆试样,用双手扭拧,若有水往下滴,其含水量约为 80% 以上;若无水滴、松开后看到手上水分很明显,为 60%～70%;若手上有水分(反光),为 50%～55%;感到手上潮湿,为 40%～45%;不潮湿则在 40% 以下,微贮饲料含水量在 60%～65% 最理想。

7. 封窖 当秸秆分层压实到高出窖口 40 厘米时,充分压实,在最上面一层均匀撒上食盐粉,再压实后盖上塑料薄膜。食盐的用量为每平方米 250 克,其目的是防止微贮饲料上部发生霉烂变质。盖上塑料薄膜后,在上面铺 20～30 厘米厚的秸秆,覆土 15～20 厘米,密封。秸秆微贮后,窖池内贮料会慢慢下沉,应及时加以覆盖封严,并在周围挖好排水沟,以防雨水渗入。

8. 开窖 开窖时应从窖的一端开始,先去掉上边覆盖的部分土层,然后揭开薄膜,从上至下垂直逐段取用。每次取完后,要用塑料薄膜将窖口封严,尽量避免与空气接触,以防二次发酵和变质。微贮饲料在饲喂前最好再用高湿度茎秆揉碎机进行揉搓,使其成细碎丝状物,以便进一步提高牲畜的消化率。

9. 饲喂微贮饲料的方法 在气温较高的季节封窖 21 天,气温较低季节封窖 30 天,即可完成微贮发酵(-10℃ 以下不可搞微贮)。开窖后,首先要做质量检查,优质的微贮饲料色泽金黄,有醇厚的果酸香味,手感松散、柔软、湿润;如呈褐色,有腐臭或发霉味,手感发黏,或结块或干燥粗硬,则可判定为质量差,不能饲喂。开窖、取料、再盖窖等操作和注意事项与氨化饲料同,但取后不需晾晒,可当天取当天用。给肉牛饲喂时,可与其他饲料和精饲料搭配使用,要按照逐步增加喂量的原则饲喂。一般情况下,牛每天喂15～20 千克。喂微贮饲料要特别注意日粮中食盐的用量,因在微贮中已加入食盐,每千克微贮麦(稻)秸中约含食盐 4.3 克,连同最上层撒的食盐量,每千克约达 4.7 克。每千克微贮干玉米秸秆中约含食盐3.7克,连同上层撒的食盐量,每千克达4.1克。应根据每日喂微贮饲料的重量,计算出其中食盐的重量,从日粮中将其扣除。

饼类饲料对牛的毒性及解毒措施,见表5-4。

表5-4 饼类饲料对牛的毒性及解毒措施

名 称	抗营养因子	毒性作用	解毒措施
大 豆	蛋白酶抑制剂、致甲状腺肿素、生氰素、抗维生素、金属结合因子和植物血细胞凝素	影响适口性、消化性和生理过程,发生腹泻,增重缓慢	加热,如蒸煮、发芽、发酵、热炒等可减少毒性
大豆饼	低温制饼,可存在尿素酶、胰蛋白酶、抑制因子	影响适口性、消化性和生理过程,发生腹泻,增重缓慢	加热110℃,3分钟可使活性消失
棉籽饼	棉酚和环丙烯脂肪酸	表现:腹泻、黄疸、目盲、脱水、酸中毒、犊牛佝偻病	①控制喂量,增加日粮蛋白质;②热水浸泡;③加热1小时;④补充硫酸亚铁、维生素A、钙
亚麻籽饼	亚麻苦苷	引起组织缺氧,表现:流涎、腹痛、膨气和腹泻	①控制喂量;②将其浸泡后再蒸煮10分钟后饲喂
花生饼	易污染黄曲霉菌,可产生黄曲霉毒素,促使中毒。致癌的亚硝胺抑制体内合成蛋白质,扰乱新陈代谢	表现:食后引起腹泻,毒素对幼畜毒害大,通过牛奶危害人体,有致癌性	加强保管,防止霉败,用低温,干燥和加入适量化学防霉剂,可防止真菌污染

续表 5-4

名 称	抗营养因子	毒性作用	解毒措施
蓖麻籽饼	蓖麻毒素和蓖麻碱	引起中毒性肝炎、肾炎、出血性胃肠炎、流产和呼吸中枢，血管运动中枢麻痹	①加强蓖麻籽的保管；②加热60℃～70℃去毒；③10%食盐水浸泡 6～10 小时再喂；④中毒牛的奶中含蓖麻毒素，不能饮用
菜籽饼	硫葡萄糖苷经芥子酶水解成异硫氰酸盐和噁唑硫烷酮	毒害肝脏和甲状腺，引起牛流涎、不安、胃肠炎、腹泻、心力衰竭死亡	①控制喂量；②日粮中补加磷；③中毒后可用葡萄糖、抗生素、镇静剂治疗

第六章　肉牛繁殖力及杂交优势

第一节　繁殖力的概念和意义

肉牛繁殖力是指维持正常繁殖功能生育后代的能力。对肉牛来说,繁殖力就是生产力,它的高低直接关系到牛群的繁殖速度,也代表着畜牧业生产发展水平。对肉用公牛而言,表现在每次配种能排出一定量而且富有活力精子的精液,能充分发挥其授精的能力,所以也可称为授精力。肉牛的繁殖力是一个综合性的概念,表现在性成熟的早晚,繁殖周期的长短(产仔间隔的长短),每次发情排卵的多少(尤为多胎家畜),卵子受精能力的大小及妊娠情况(胚胎发育、流产等)。概括起来,集中表现在一生或一段时间内(一年或一个季节内)繁殖后代多少的能力。牛为单胎哺乳动物,大多数肉牛品种的双犊率小于1%,少数品种的双犊率能接近3%。所以,牛群的繁殖效率显得较为重要。

通过对肉牛繁殖力测定,可以随时掌握牛群的增殖水平;反映某项技术措施对提高繁殖力的效果,及时发现牛群的繁殖障碍,以便采取相应的手段和措施,在保证肉牛个体品质的同时不断提高牛群数量。

第二节　肉牛繁殖力主要指标

肉牛的繁殖力是以繁殖率来表示的。繁殖率是指在一定时间内(如年度)断奶成活的犊牛数占全群适繁母牛数的百分比。达到适配年龄后一直到丧失繁殖能力的母牛称为适繁母牛。

繁殖率＝断奶成活犊牛数/适繁母牛数×100％

根据母牛繁殖过程的各个环节,繁殖力应该包括受配率、受胎率、母牛分娩率、产仔率及仔畜成活率5个内容的综合反映。

一、受 配 率

指本年度内参加配种的母牛占适繁母牛的百分比。不包括因妊娠、哺乳及各种卵巢疾病等原因造成空怀的母牛。主要反映牛群内适繁母牛发情配种的情况。

受配率＝配种母牛数/适繁母牛数×100％

二、受胎率及其他指标

常用以评定母牛的受胎力或公牛的授精力;在进行精液保存研究、人工授精技术改进等工作时,也都使用受胎率作为效果评定的标准。

受胎率泛指本年度内妊娠母牛数占配种母牛数的百分比。一般在生产实际中受胎率统计又分为总受胎率、情期受胎率、第一情期受胎率和不再发情率。

(一)总受胎率 指本年度末,受胎母牛数占本年度内参加配种母牛数的百分比。主要反映畜群中受胎母牛头数的比例。

总受胎率＝受胎母牛数/配种母牛数×100％

(二)情期受胎率 指在妊娠母牛数占配种情期数的百分比。它在一定程度上更能反映受胎效果和配种水平。情期受胎率通常要比总受胎率低。

情期受胎率＝妊娠母牛数/配种情期数×100％

(三)第一情期受胎率 为第一个情期配种的受胎母牛数占第一情期配种母牛数的百分比。

第一情期受胎率＝第一情期配种受胎母牛数/第一情期配种母牛数×100％

(四)不返情率　是指母牛配种后在一定期限内,未出现发情的母牛占本期内参加配种母牛数的百分比。随着配种后时间的延长,不返情率就越接近于实际受胎率。

不返情率=不返情母牛数/配种母牛数×100%

(五)分娩率　是指本年度内分娩母牛数占妊娠母牛数的百分比。反映维持妊娠的质量。

分娩率=分娩母牛数/妊娠母牛数×100%

(六)产仔率　指分娩母牛的产仔数占分娩母牛数的百分比。此项指标用于多胎家畜,单胎家畜的分娩率和产仔率是一样的,所以不用产仔率。

产仔率=产出仔畜数/分娩母牛数×100%

(七)产犊间隔　指母牛两次产仔平均间隔天数。产仔间隔短,繁殖率就高。

(八)窝产犊数　指每胎产犊的头数(包括死胎死产)。牛是单胎哺乳动物,所以牛的窝产仔实际就是1。牛一般不用此指标。

(九)断奶犊牛成活率　指本年度内断奶成活的犊牛数占本年度产出犊牛数的百分比。主要反映牛群中犊牛的哺育情况。

断奶成活率=成活犊牛数/产出犊牛数×100%

第三节　肉牛正常繁殖力

在正常的饲养管理和自然环境条件下,肉牛所能达到的最经济的繁殖力,称为正常繁殖力。各种家畜都有其正常繁殖力,但因不同饲养管理环境会使肉牛机体发生某些变化,很少达到100%繁殖率。

肉用母牛的繁殖力常用一个情期配种后不返情率表示受胎效果。大量统计表明,母牛受精后,1个月不返情率可高达75%,但最终产犊率不超过64%,一般为50%～60%。

第四节　影响繁殖力的因素

内部和外部因素均可从多方面来影响肉牛繁殖力,主要有以下 3 个方面。

一、遗传因素

遗传是决定肉牛繁殖力的主要因素之一,不同品种和不同个体之间都存在着不同的差异。

二、气候因素

气候对牛的影响也十分重要。肉牛饲养的气候环境可以直接影响肉牛的繁殖效率,气温过高或过低都可以降低肉牛的繁殖力。在我国的北方冬季寒冷,夏季干燥炎热,在这两个季节肉牛的繁殖率较低,而春、秋两季肉牛的繁殖率相对较高。根据这种情况,应在饲养管理中尽量给肉牛创造适宜的气候环境。

三、营养因素

营养对于肉牛能否正常健康的生长发育十分重要,尤其是对母牛的发情、配种和妊娠,对公牛的精液品质、犊牛的生长发育等均有着极其重要的作用。影响肉牛正常生长发育的营养因素主要有能量、蛋白质、矿物质和维生素。因此,要充分了解各种营养成分的作用,才能使肉牛得到平衡的营养而健康生长。

(一)能量　在肉牛饲料中能量饲料对肉牛的生长发育影响比较大。当能量长期不足时,会造成青年母牛性成熟和配种年龄延迟,并且发情征候不明显。长期能量不足时,会造成妊娠母牛的流产、死胎、难产或犊牛虚弱。当日粮中能量水平过高时,母牛过度肥胖会对其排卵造成影响。

(二)蛋白质　肉牛生长发育、繁殖，以及正常的生理活动等都与日粮中的蛋白质有关，当饲料中的蛋白质缺乏时，会直接或间接影响牛的采食、消化吸收、发情、配种、妊娠、泌乳等正常生理活动。

(三)矿物质和维生素　在肉牛日粮中的矿物质中，对母牛影响最大的就是钙和磷。当饲料中磷缺乏时，会推迟性成熟；缺钙时会影响胎儿的生长发育，同时也会引起泌乳母牛的骨质疏松、胎衣不下和产后瘫痪。维生素 A 和维生素 E 与母牛的繁殖力有着密切的关系。当饲料中缺乏这两种维生素时，会造成妊娠母牛流产或死胎、弱胎或胎衣不下。

第五节　提高肉牛繁殖力的措施

要提高母牛的繁殖力，首先应在保证正常繁殖力的前提下，采用先进的繁殖技术和措施，争取达到或接近最大可能的繁殖力。

一、加强选种选育

选择繁殖力高的公、母牛作种畜繁殖力受遗传因素影响很大，不同品种和不同个体的繁殖性能也有差异。尤其是种公牛，其品质对后代群体的影响更大。每年要做好牛群的更新，对老、弱、病、残的母牛应有计划地淘汰。提高牛群中适繁母牛的比例（一般是 50%～70%）。

二、科学的饲养管理

科学合理的管理和饲料营养，可以使母牛发挥正常的生理功能。如果营养缺乏就会导致身体瘦弱，内分泌活动受到影响，性腺功能减退，生殖功能紊乱，常出现不发情、安静发情、发情不排卵、多胎家畜排卵少、产犊数减少等。种公牛表现精液品质差、性欲下降等，最后造成繁殖力下降。

三、保证优良的精液品质

繁殖力的高低,公母责任各半。优良品质的精液是保证得到理想繁殖力的重要条件。因此,首先饲养好公牛,保证全价营养,同时还必须科学合理利用和管理,定期检查精液品质等。

四、做好发情鉴定和适时输精

发情鉴定是掌握适时配种的前提,是提高繁殖力的重要环节。只有做好发情鉴定,确定适宜的配种时间,防止误配和漏配,才能提高受配率和受胎率。

五、遵守操作规程,推广繁殖新技术

繁殖新技术的推广应用为提高母牛繁殖力将发挥更大的作用。

第一,推广早期妊娠诊断技术,可防止失配空怀。

第二,推广人工授精和冷冻精液技术,可最大限度地提高优良种公牛的繁殖效能。

第三,有效利用胚胎移植技术,充分挖掘优良母牛的繁殖潜力,加快扩大优良种群数量。

第四,科学应用生殖激素,通过人工诱发母牛发情,提高母牛的排卵率及恢复正常繁殖功能。

第五,减少胚胎死亡和防止流产。

胚胎死亡是影响产犊数和繁殖力的一个重要因素。母牛早期胚胎死亡率很高,可达 20%～40%。因此,减少胚胎死亡和防止流产是提高繁殖力的一个有效手段。

六、做好母牛繁殖技术和管理工作

提高繁殖力不单纯是技术问题,而是技术和组织管理工作相互配合的综合技术,所以必须建立严密的组织来实施。

第一,建立一支有事业心的技术队伍。

第二,定期培训、及时交流经验。

第三,建立和健全母牛的繁殖制度,做好各项繁殖记录。

第六节　杂交优势

一、概　念

不同品种或品系肉牛经过杂交后产生的后代在生活力、生长发育和生产性能等方面表现在一定程度上超过其亲本纯繁群体的现象,这种现象就称为杂交优势。杂交品种不一定就有优势,其优势表现是有一定条件的。优势和劣势是相对而言的,符合育种和经济需要目标的称为优势,反之,则称为劣势。

二、杂交优势的类别

第一,个体杂种优势来自杂种个体,主要表现在杂交个体在生长发育和适应性方面的优势。

第二,母本杂交优势来自杂交后代的母亲,主要表现在繁殖性能及后代的适应性和生长发育上的优势。

第三,父本杂种优势来自杂交后代的父亲,主要表现在生长发育方面的优势。

三、杂交优势利用的主要环节

(一)杂交亲本群体的选优与提纯选优　选优是指通过选择使亲本固有的优良基因频率尽可能加大;提纯是通过近交和选择使亲本群体在主要性状上纯合子的基因频率尽可能地提高。选优和提纯最好的方法是开展品系繁育,因为品系比品种小,易培育,易提纯,易提高亲本种群的一致性。

(二)杂交亲本的选择

1. 母本的选择条件 选择当地数量多、适应性强、繁殖力高、母性好的品种或品系;在不影响后代生长发育的情况下,母本的体型不要太大,否则饲养成本大。

2. 父本的选择条件 选择生长速度快、饲养利用率高、胴体品质好、与杂种要求的类型相同的品种或品系;对于父本的来源和适应性不必多考虑。

(三)杂交成果的预估 不同牛群体间杂种优势的差异很大,杂交效果的确切结果,只有通过配合力测定才能确定。要进行配合力测定,必须搞杂交组合试验。但牛的品种或品系又很多,不可能两两之间都进行杂交试验。因此,应事先对各组合有个大体估计,对认为杂交优势较好的组合进行配合力测定。

对亲本的选优和提纯工作做得越好,杂交产生的后代的杂交优势往往越大;亲本间的遗传差异越大,其后代的杂交优势往往越高;就性状而言,遗传力低的性状,也就是近交衰退严重的性状,杂交优势往往越大。

四、配合力测定

配合力是衡量杂交父本和母本各性状亲和力的一个指标,是指不同品种或品系杂交之后所得到的杂种优势程度。分为一般配合力和特殊配合力。

一般配合力是指一个种群与其他各种群杂交所获得的平均效果,一般配合力反映的是基因的加性遗传效应,可以靠纯繁选育提高。

特殊配合力是指两个特定种群间杂交所获得超过一般配合力的杂种优势。特殊配合力反映的是基因的非加性遗传效应,即显性效应与互作效应,主要靠杂合子的选择来提高,而且难以预测结果。

进行配合力测定主要是测定其特殊配合力,实质就是进行杂交组合试验。

五、杂交方式

(一)经济杂交　是指利用杂种优势以提高肉牛商品生产的杂交。两个种群间的经济杂交叫"简单经济杂交"或"二元经济杂交"。三个以上种群参与的经济杂交叫"复杂经济杂交"或"三元经济杂交"。

(二)轮回杂交　也叫轮替杂交、交替杂交。是指两个或两个以上不同种群进行杂交,在每代杂种后代中,大部分作为商品利用,只用优良母牛依序轮流再与亲本品种公牛回交,以便在每代杂种后代中继续保持和充分利用杂种优势(图6-1)。

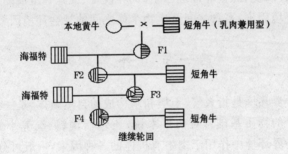

图 6-1　轮回杂交示意图

(三)顶交与底交　顶交是指近交系的公牛与非近交系的母牛交配;而非近交系的公牛与近交系母牛间的交配称为底交。顶交方式的优点是收效快,投资少,后代多,成本低。生产实践中,提倡顶交,而不用底交。

第七章 养殖环境卫生基础知识

肉牛的环境是一种综合性的生态环境,包含着许多性质不同的单一环境因子。根据环境因子的性质,肉牛的环境包括空气环境、水环境、光环境以及其他环境因子。空气环境因子主要包括空气温度、相对湿度、气流速度、热辐射等,还包括空气成分、有害气体、空气微生物、空气中的微粒等空气质量因子;水环境因子主要是指水源、水质以及供水、排水和污水处理系统;光环境因子主要为光照及辐射。此外,还有如土壤质地、土壤结构、土壤理化性质、土壤生物等土壤因子,地球表面上的海洋、湖泊、陆地、草原、高山、丘陵、经纬度、海拔等地理因子;饲养设备、设施等组成的家畜生活空间环境因素;畜禽之间及生物个体之间的社会环境因素等。

第一节 外界环境

外界环境是指大气、土壤和水构成的自然整体,是一切生物赖以生存的物质基础。对肉牛来说,还包括饲料、饲养小气候等条件。外界环境中作用于肉牛有机体的各种因素,一般可分为物理、化学、生物学和社会4个方面。物理因素有温热、光照、噪声、水、土壤、牧场、牛舍和地理环境等;化学因素有空气、水和土壤的化学成分等;生物学因素有饲草饲料、病原微生物等;社会因素包含肉牛的饲养管理、饲养方式等。一切与肉牛生产和生活有关的外界条件,均属于环境。

一、地势与地质

肉牛育肥的场地一定要选择土壤坚硬、方便排水的场地,如果没有坚硬的场地也可选择渗水性好的沙土场地。牛舍适宜修建在地势干燥,朝阳背风,四周开阔,空气流通性好,地下水位低(2 米以下)。南方牛舍建设要考虑防暑降温,北方牛舍建设要考虑防寒保暖。

二、疾病防疫与环境保护

一般在平原地区新选牛场要设置在距交通主要干道 1 000 米以上,距一般道路也要达到 500 米以上,距其他畜牧场、兽医机构、肉类屠宰场居民居住区等 1 500 米以上。牛场设置要位于当地主流风向的居民区、公共建筑等人群集聚的下风向,防止牛场的废弃物及有害气体因风向对其造成侵害。根据 2001 年颁布实施的《畜禽养殖污染防止管理办法》规定,"不准在水源保护区、风景名胜区、自然保护区的核心及缓冲区等环境敏感区建场;也不准在城市和城镇中居民区、文教科研区、医疗区等人口集中地区,以及县级人民政府依法划定的禁养区和国家或地方法律、法规规定需特殊保护的其他区域建场"。

三、交通与水电设施

牛场的建设既要考虑疾病防疫,又要考虑饲草饲料加工、建设材料和牛体运输等,所以对交通道路和水电设施的建设要提前考虑到,要有清洁水源,动力电源要直接接到场区方便使用。

第二节 牛舍小气候特点

牛舍小气候环境涉及的因素主要有温度、湿度、气流、光照、空气质量等。

一、牛舍内温度

环境温度是影响肉牛生产和健康最重要的因素。牛舍环境温度除了受外界气温的影响外,还受牛舍的建筑形式、牛舍的保温隔热性能、温度调控措施以及肉牛的体热散发、工作人员的活动等因素的影响。正常情况下,舍内垂直温差一般为 2.5℃～3℃,或距地面每升高 1 米,温差不超过 0.5℃～1℃。寒冷季节,舍内的水平温差不应超过 3℃(表 7-1)。

表 7-1   肉牛舍内温度及生产环境温度   (℃)

种　　类	适宜温度范围	生产环境温度	
		低温(≥)	高温(≤)
犊　牛	13～25	5	30～32
育肥牛	4～20	－10	32
育肥阉牛	10～20	－10	30

二、牛舍内湿度

舍内空气相对湿度的大小,对肉牛机体的散热有显著影响,尤其是高温或低温下影响更为突出。相对而言,潮湿空气有利于空气中细小颗粒物的积聚,从而可降低舍内粉尘浓度,减少呼吸道疾病的发生。当温度低、湿度大的情况下,牛体温散热较快,对肉牛育肥增重不利。在高温、高湿的环境下,对牛体温散热不利,容易引起肉牛中暑,要及时采取排风、淋浴等措施对牛体进行降温。

三、牛舍内空气质量及气流

牛舍内的空气质量优劣对牛及饲养人员都会产生比较大的影响。牛舍内的有害气体主要来自牛排泄的粪便、尿,嗳气和肠道排气,以及有机物质的分解等。这些有害气体主要是氨气、甲烷、二氧化碳和硫化氢等。对牛舍内的空气中的有害气体的安全量有一定的要求(表7-2)。牛舍内空气流动的速度和方向,主要决定于牛舍结构的严密程度和畜舍的通风,机械通风尤其如此。此外,牛舍构造、舍内设备配置对其也有影响。一般认为,舍内气流速度小于0.05米/秒,说明牛舍的通风换气不良;大于0.4米/秒,表明舍内有风。结构良好的牛舍,气流速度通常不超过0.3米/秒。

表7-2　牛舍内空气质量要求

气 体 种 类	安全量(微升/米^3)
氨气(NH$_3$)	20
二 氧 化 碳 (CO$_2$)	3000
硫化氢(H$_2$S)	0.5

四、牛舍内光照条件

牛舍内光照条件不仅影响肉牛的健康和生产力,而且还会影响管理人员的工作条件和工作效率,所以在牛舍内要设置照明设施。

第三节　牛舍建筑与环境

牛舍小气候环境的控制与改善,应从两方面加以考虑。

一、营造适合的生长环境

营造一个适合肉牛育肥的适宜环境,可以在一定程度上缓和极端环境对肉牛生长的影响,以减弱环境应激对肉牛的健康和生产力造成的危害,减少饲料的额外消耗和降低发病率和死淘率。

二、加强对小环境的控制

通过对牛舍内的温度、湿度、气流、光照和空气质量等全面控制,为肉牛创造适宜生产和生活环境,以获取最高的生产效率和最低的发病率及死亡率。根据人工对牛舍环境的调控程度,可将牛舍分为开放式、半开放式和密闭式 3 种类型,密闭式牛舍又可分为有窗式和无窗式 2 种。

第四节　养殖场环境污染

肉牛生产中的废弃物主要为肉牛的粪尿。就总体而言,肉牛生产污染源对环境造成污染问题比较突出的是臭气、生产污水和粪便。

一、臭　气

养殖场臭气主要来自饲料蛋白质在家畜体内的代谢产物,以及粪便在一定环境下分解产生的恶臭气味,也来自粪便或污水处理过程。

二、污　水

养殖业污水排放以规模化养殖场问题最为突出。污水的数量及性质因采用不同的栏舍结构、冲洗方式和地板结构、材料以及生产规模而异。干清粪技术因节水减少污染,现已成为养殖场废弃物管理的重要措施之一。

三、粪　便

牛的粪便是养殖场废弃物中数量最多、危害最为严重的污染源。粪便是饲料在牛体内的代谢产物,每天排出的粪尿量一般相当于体重的 5%～8%。

第五节　养殖场环境保护的意义

目前,在我国肉牛养殖中,千家万户的养殖方式占的比重比较大,少则 1～2 头,多则几十头或上百头。由于布局不规范,存在饲养方式简单,管理粗放,疾病防控措施不到位、养殖资源浪费严重、大范围环境污染等诸多问题。因此,宣传并搞好农村肉牛养殖的环境保护工作对保障人、牛健康,防止疾病传播,为肉牛养殖者创造良好的居住环境,保护水资源等都具有重要意义。

第六节　养殖场环境卫生监测

养殖场的环境卫生监测是养殖场环境保护的一项重要工作。养殖场环境卫生监测的内容主要包括:养殖场内温度、湿度、光照条件、气流等各种小气候环境参数;有害气体、空气中微粒、空气中微生物等空气质量指标;水质、饲料、养殖场污染源以及畜产品等的监测。

上述各项监测指标按照国家、行业等规定的标准进行监测,监测的部门也是由国家有关权威部门来执行。养殖场可根据监测结果对所处环境进行调整和治理。通过监测与治理相结合,最终使养殖场达到环境美好、生产安全、产品无污染的循环绿色企业。

第八章 牛场建设与规划

肉牛场建设和规划应适应建设资源节约、环境友好型畜牧业的新要求,遵循因地制宜,科学选址,合理布局,统筹安排的原则。场地建筑物的配置也要按照紧凑整齐,节约用地,节约供电线路、供水管道,有利于整个生产过程和便于防疫灭菌,并注意防火安全,为今后发展留有余地。

肉牛场建设和规划过程中,按照国家有关设计、卫生、排放等规范、标准和规程进行。应遵循的规范、标准和规程主要有:《村镇建筑设计防火规范》(GBJ 39)、《工业与民用供电系统设计规范》(GBJ 52)、《生活饮用水卫生标准》(GB 5749)、《粪便无害化卫生标准》(GB 7959)、《污水综合排放标准》(GB 8978)、《渔业水质标准》(GB 11607)、《土壤环境质量标准》(GB 15618)、《畜禽病害肉尸及其产品无害化处理规程》(GB 16548)。

第一节 场址选择

肉牛场的场址选择首先要与当地农牧业发展规划、农田基本建设规划以及修建住宅等规划结合起来,其次还要根据肉牛场自身的发展规划统筹安排留有发展的余地。

一、选址原则

场址应选择在地势较高、排水方便,土壤透水性好,水源充足,草料丰富,交通方便,便于卫生防疫和避免人、畜地方病防治的地方。

(一)地势较高、排水方便 肉牛场应建在地势较高、背风向阳、地下水位较低,具有北高南低的缓坡,地势总体平坦的地方。不宜建在低凹处、风口处,以免排水困难,汛期积水及冬季防寒困难。

(二)土壤透水性好　土质以沙壤土为好。土质松软,透水性强,雨水、尿液不易积聚,雨后没有硬结、有利于牛舍及运动场的清洁与环境卫生干燥,有利于防止蹄病及其他疫病的发生。

(三)水源充足　肉牛牛场要备有充足的水质良好、不含毒物、合乎卫生要求的地上或地下水源,以保证肉牛生产、人员生活用水。

(四)草料丰富　肉牛饲养场因所需的饲草饲料用量大,场址宜建在距秸秆、青贮饲料和干草饲料资源较近,以保证草料供应,减少运费,降低成本。

(五)交通方便　在肉牛场正常经营中,会有出栏牛、育肥架子牛和大批饲草饲料的购入,粪肥的销售,运输量很大,来往频繁,有些运输要求风雨无阻。因此,肉牛场应考虑在交通便利的地方建场。

(六)便于卫生防疫　牛场最好远离主要交通道路,建在村镇工厂1 000米以外,交通道路500米以外。还要避开对肉牛场污染的屠宰、加工和工矿企业,特别是化工类企业。符合兽医卫生和环境卫生的要求,周围无传染源。最好周围2 000米内无工业污染源和村庄及公路主干线。

(七)避免人、畜地方病　人、畜地方病多因土壤或水质中缺乏或过多含有某种元素而引起。地方病对肉牛生长和肉质影响也很大,有些虽可防治,但势必会增加成本。因此,在建场前应对场址所在地进行地方病学调查,防止造成不应有的损失。

二、选址要求

第一,符合当地土地利用发展规划和村镇建设发展规划要求。

第二,场址的地势应高燥、平坦,在丘陵山地建场应选择向阳坡,坡度不超过 20°。

第三,场区土壤质量符合《土壤环境质量标准》(GB 15618)的规定。

第四,水源充足,取用方便。每 100 头存栏牛每天需用水 20～30 立方米,水质应符合《生活饮用水卫生标准》(GB 5749)的规定。

第五,电力充足可靠,符合《工业与民用供电系统设计规范》(GBJ 52)的要求。

第六,满足建设工程需要的水文地质和工程地质条件。

第七,根据当地常年主导风向,场址应位于居民区及公共建筑群的下风向处。

第八,交通便利,场界距离交通干线不少于 500 米,距居民居住区和其他畜牧场不少于 1 000 米,距离畜产品加工场不少于 1 000 米。

第九,在水源保护区、旅游区、自然保护区、环境污染严重区、畜禽疫病常发区和山谷洼地等洪涝威胁地段不能建场。

第二节　规划与布局

场区的规划与布局应本着因地制宜、科学饲养、环保高效的要求,合理布局,统筹安排,充分考虑今后发展的空间需要。

一、规划原则

建筑紧凑,节约土地,满足当前生产需要,同时要综合考虑将来扩建和改造的可能性。

二、规划面积

场区规划面积按每头牛 18～20 平方米计算。饲养规模要根据可获得的资源和资金,当地和周边地区市场需求量和社会经济发展状况,技术与经济合理性及管理水平等因素综合确定。

三、牛场分区及布局

牛场分区及布局应本着因地制宜和科学管理的原则,以整齐紧凑,提高土地利用率和节约基建投资、经济耐用,有利于生产管理和防疫安全为目标。牛场分区应按生活管理区、生产区和隔离区布置,并符合肉牛对各种环境条件的要求,包括温度、湿度、通风、光照、空气中的二氧化碳、氨、硫化氢,为肉牛创造适宜的环境。各功能区之间应该界限分明,联系方便,功能区之间的距离不少于50 米,并有防疫隔离带或隔离墙。

(一)牛场分区

1. 生活管理区　设在场区常年主导风向的上风向及地势较高处,主要包括生活、办公设施、与外界接触密切的生产辅助设施等。与生产区应保持适度距离,保证生活管理区良好的卫生环境。

2. 生产区　主要包括牛舍及相关生产辅助设施等,设在场区中央相对下风向位置。生产区要严格控制场外人员和车辆进出,以保证牛场的安全和安静及疫病防控。各牛舍之间要保持适当距离,布局整齐,以利于牛场的防疫和防火。

3. 隔离区　主要包括兽医室、隔离牛舍、贮粪场、装卸牛台和污水池等,应设在场区下风向或侧风向及地势较低处,以防止污水粪尿废弃物蔓延污染环境。兽医室、隔离牛舍应设在距最近牛舍50～100 米外的地方,并设有专门通向场外的通道。

4. 饲料库和饲料加工车间　设在生产区、生活区之间,应方便饲草饲料运输。

5. 草场设置在生产区的侧向 草场内建有青贮窖池、草棚等,有专用通道通向场外。草棚距房舍 50 米以上。牛舍一侧设饲料调制间。饲料库、加工车间和青贮池,离牛舍要近一些,位置适中一些,便于车辆运送草料,减少劳动强度。

(二)牛场的布局

1. 生产区和生活区分开 这是牛场布局的最基本的原则。

2. 风向与流向 依据冬季和夏季的主风向分析,办公和生活区应避免与饲养区在同一条线上,生活区最好在上风向和水流的上游,而贮粪池和堆粪场应在下风向处和水流的下游处。

3. 牛棚舍方向 一般牛舍方向为东西向(即坐北朝南),利用背墙阻挡冬、春季的北风或西北风。在天气较寒冷的地方牛棚可以是南北向,气温较暖的地区一般是东西向。此外,除正常饲养牛舍外,在牛场的边缘地带应建有一定数量的备用牛舍。供新购入牛的隔离观察。

4. 安全 牛场的安全主要包括防疫、防火和防盗等方面。在建筑布局时应考虑到这些因素。为加强防疫,首先场界应明确,在四周建围墙,与种树相结合,防止外来人员及其他动物进入场区。在牛场的大门处应设有车辆消毒池、脚踏消毒池或喷雾消毒池、更衣间等设施。进入生产区的大门也应设脚踏消毒池。易引起火灾的堆草场应设在场区的下风向方向,而且离牛舍应有一定的距离。一旦发生火灾,不会威胁牛的安全。

四、牛场道路

牛场与外界应有专用道路连通。场内道路分净道和污道,两者要严格分开,不得交叉、混用。净道路面宽度不小于 3.5 米,转弯半径不小于 8 米。道路上空净高 4 米内无障碍物。

第三节　工艺与设施

肉牛生产工艺包括牛群的组成和周转方式,主要包括运送草料、饲喂、饮水、清粪等,同时也包括测量、称重、采精输精、防治、生产护理等技术措施。在设施建设上必须与生产工艺科学合理的结合。

一、工艺确定原则

第一,适用于肉牛育肥的技术要求。

第二,有利于牛场的卫生防疫。

第三,有利于粪尿污水减量化、无害化处理和环境保护。

第四,有利于节水、节能、提高劳动生产率。

二、工艺流程

采用分阶段育肥的饲养工艺。即犊牛、育成牛、架子牛等。

三、设施选择原则

第一,应满足肉牛育肥和生产的技术要求。

第二,经济实用,便于清洗消毒,安全卫生。

第三,优先选用性能可靠的配套定型产品。

第四,设备主要包括精、粗饲料加工、运输、供水、排水、粪尿处理、环保、消防、消毒等设施。

第四节　牛舍建筑

牛舍主要由牛床、饲槽、喂料道、粪尿沟等组成。建筑形式采用开放式或半开放式。舍内牛床的排列方式主要有单列式或双列式。

一、建筑形式

在气候温和的地区,可采用开放式或北面有墙,其他三面敞开;寒冷地区可在北面和两侧有墙及门窗或四面有墙。四周有墙的牛舍大门应朝外开。

二、排列方式

牛舍内部排列方式视牛群规模而定,主要有单列式和双列式。单列式牛舍饲养规模较小,一般在 25 头以下。典型的单列式牛舍三面有墙,房顶盖瓦,南面敞开,有走廊、饲槽、牛床、粪尿沟等。这种形式的牛舍比较矮,适合于冬、春季节较冷,风较大的地区。而且造价较低,但占用土地面积较多。双列式指的是对头式排列方式。该方式牛舍内部排列为:中间为物料通道,两侧为饲槽,可以同时上草料,便于饲喂,清粪在牛舍两侧。单列式内径跨度一般为 4.5～5 米;双列式内径跨度一般为 9～10 米。

三、舍内设施

(一)牛床 牛床长度可依牛体大小而定。一般牛床距饲槽 1.7～1.8 米,牛前躯靠近饲槽后壁,后肢接近牛床边缘,粪便能直接落入粪沟内即可。牛床应结实、防滑、易于冲刷,并向粪沟倾斜 2°。可用粗糙水泥地面或竖砖铺设,水泥抹缝。

(二)粪沟 粪沟宽应以常规铁锨能正常推行宽度为宜,宽 25～30 厘米,深 10～15 厘米,并向贮粪池一端倾斜 2°～3°。

(三)通道 通道宽度应以送料车能通过为原则。单列式位于饲槽与墙壁之间,宽度 1.3～1.5 米;双列式位于两槽之间,宽度 1.5～1.8 米。

(四)饲槽 设在牛床前面,槽底为圆形,槽内表面应光滑、耐

用。饲槽上口宽 55～60 厘米,底宽 35～40 厘米,前缘高 45～50
厘米,后缘高 60～65 厘米。饲槽使用较为频繁,一般用砖砌成,加
水泥涂抹,以节约成本,工艺上要求饲槽内壁呈半圆弧形,光滑,便
于清扫。饲槽表面还可贴一层釉面瓷砖,以利于清洁卫生。

(五)工作间与调料室　双列式牛舍靠近道路的一端,设有两
间小屋,一间为工作间(或值班室),另一间为调料室,面积 12～14
米²。

四、建筑结构

牛舍可采用砖混结构或轻钢结构,棚舍可采用钢管支柱。每
栋牛舍长度根据养牛数量而定,两栋牛舍间距不少于 15 米。砖混
结构适合于四面有墙的牛舍,而轻钢结构主要用于敞开式牛棚。

五、运　动　场

牛采食后,晴天主要在牛棚外休息,让牛运动,晒太阳。运动
场设在牛舍的前面或后面,面积按每头牛 6～8 米² 设计。自由运
动场四周围栏可用钢管,高 1.5 米。运动场地面以用沙、石灰和泥
土做成的三合土为宜,并向四周有一定坡度($3°～5°$)。这种地面
一方面可保证牛卧下后舒适暖和,另一方面易于尿液的下渗,粪便
也容易干燥。

六、饲料贮存和加工

(一)青贮　青贮饲料的特点是质地柔软、气味好适口性好。
青饲料的贮备量按每头牛每天 20 千克计算,应满足 6～7 个月需
要。玉米秸等青贮原料经过青贮的发酵,可将适口性差、不宜直接
饲喂的饲料变为良好的饲料。青贮窖池按所需饲料量的 500～
600 千克/米³ 设计容量。青贮窖建造选址在考虑出料时运输方
便,减少劳动强度的同时,防止粪尿等污水浸入污染。

(二)饲草 草料的贮备量按每头牛每天 8 千克 计算,应满足3～6 个月需要。高密度草捆密度 350 千克/米^3。

(三)精饲料 贮备量应能满足 1～2 个月的需要量。

七、消　防

第一,应采取经济合理、安全可靠的消防措施,符合村镇建筑设计防火规范(GBJ 39)的规定。

第二,消防通道可利用场内道路,紧急情况时能与场外公路相通。

第三,采用生产、生活、消防合一的给水系统。

第五节　卫生防疫

一、消　毒

(一)消毒剂的选择 消毒剂应选择对人、畜和环境比较安全、没有残留毒性,对设备没有破坏和在牛体内不产生有害积累的消毒剂。可选用的消毒剂有:次氯酸盐、有机氯、有机碘、过氧乙酸、生石灰、氢氧化钠、高锰酸钾、硫酸铜、新洁尔灭、酒精等。

(二)消毒方法

1. 喷雾消毒 用一定浓度的次氯酸盐、过氧乙酸、有机碘混合物、新洁尔灭等。用喷雾装置进行喷雾消毒,主要用于牛舍清洗完毕后的喷洒消毒、带牛环境消毒、牛场道路和周围及进入场区的车辆。

2. 浸润消毒 用一定浓度的新洁尔灭、有机碘的混合物的水溶液,进行洗手、洗工作服或胶靴。

3. 紫外线消毒 对人员入口处常设紫外线灯照射,以起到杀菌效果。

4. 喷撒消毒　在牛舍周围、入口、产床和牛床下面撒生石灰或火碱杀死细菌和病毒。

(三)消毒制度

1. 环境消毒　牛舍周围环境包括运动场,每周用2%火碱消毒或撒生石灰1次;场周围及场内污水池、排粪坑和下水道出口,每月用漂白粉消毒1次。在大门口和牛舍入口设消毒池,使用2%的氢氧化钠溶液。

2. 人员消毒　工作人员进入生产区应更衣和紫外线消毒3～5分钟,工作服不应穿出场外。

3. 牛舍消毒　牛舍在每批牛只下槽后应彻底清扫干净,定期用高压水枪冲洗,并进行喷雾消毒和熏蒸消毒。

4. 用具消毒　定期对饲喂用具、饲槽和饲料车等进行消毒,可用0.1%新洁尔灭或0.2%～0.5%的过氧乙酸消毒,日常用具(如兽医用具、助产用具、配种用具等)在使用前应进行彻底消毒和清洗。

5. 带牛环境消毒　定期进行带牛环境消毒,有利于减少环境中的病原微生物。可用于带牛环境消毒的药物有:0.1%的新洁尔灭,0.3%的过氧乙酸,0.1%次氯酸钠,以减少传染病和蹄病的发生。带牛环境消毒应避免消毒剂污染饲料。

6. 助产、配种、注射治疗及任何对肉牛进行接触操作前消毒　应先将牛有关部位(如乳房、阴道口和后躯等)进行消毒擦拭,以保证牛体健康。

二、免疫和防疫

牛场应根据《中华人民共和国动物防疫法》及配套法规的要求,结合当地实际情况,有选择地进行疫病的预防接种工作,并注意选择适宜的疫苗、免疫程序和免疫方法。每年至少需接种炭疽疫苗 2 次,口蹄疫疫苗 2 次。

三、动物疫病控制和扑灭

牛场发生疫病或怀疑发生疫病时,应根据《中华人民共和国动物防疫法》及时采取如下措施:驻场兽医应及时进行诊断,并尽快向当地畜牧兽医管理部门报告疫情。确诊发生口蹄疫、牛瘟、牛传染性胸膜肺炎时,牛场应配合当地畜牧兽医管理部门,对牛群实施严格的隔离、扑杀措施;发生蓝耳病、牛出血病、结核病、布氏杆菌病等疫病时,应对牛群实施清群和净化措施,扑杀阳性牛。全场进行彻底的清洗消毒,病死或淘汰牛的尸体按《畜禽病害肉尸及其产品无害化处理规程》(GB 16548)进行无害化处理,消毒按《畜禽产品消毒规范》(GB/T 16569)进行。

四、病死牛及产品处理

对于非传染病或机械创伤引起的病牛,应及时进行治疗,并定点进行无害化处理,牛场内发生传染病后,应及时按照 GB 16548 的规定对病牛进行隔离或做无害化处理。

五、废弃物处理

场区内应于生产区的下风向处设贮粪池,粪便及其他污物,并进行有序管理,每天及时除去牛舍内及运动场内的褥草、污物和粪便,并将粪便及污物运送到贮粪池。场内应设牛粪尿、垫草和污物等处理设施,废弃物遵循减量化、无害化和资源化管理原则。

第六节 环境保护

一、环境卫生

第一,新建牛场必须进行环境评估。确保牛场不污染周围环境,周围环境也不污染牛场环境。

第二,宜采用污染物减量化、无害化、资源化处理的生产工艺和设备。

二、粪便污水处理

第一,新建牛场必须同步建设相应的粪便和污水处理设施。

第二,固体粪污以高温堆肥处理为主,处理后符合粪便无害化卫生标准(GB 7959)的规定方可运出场外。

第三,污水经处理后符合污水综合排放标准(GB 8978)与水质标准(GB 11607)的规定才可排放。

三、无害化处理

应符合畜禽病害肉尸及其产品无害化处理规程(GB 16548)的规定。

四、空气质量

牛舍有害气体允许范围:氨$\leqslant$19.5毫克/米^3;二氧化碳$\leqslant$3 00微升/米^3;硫化氢$\leqslant$15毫克/米^3。

五、场区绿化

场区绿化应结合各分区之间的隔离、遮荫及防风需要进行。可根据当地实际种植能美化环境、净化空气的树种和花草,不宜种植有毒、有刺、飞絮的植物。

第九章　牛舍的常规消毒

消毒是利用物理、化学和生物方法对外界环境中的病原微生物及其他有害微生物等进行清除或杀灭,从而达到预防和阻止疫病发生、传播和蔓延的目的。消毒方法主要包括物理消毒、化学消毒和生物消毒法。

一、消毒常识

(一)环境消毒法

1. 预防消毒　为防止肉牛发生传染病,配合一系列的兽医防疫措施所进行的消毒,称为预防消毒。预防消毒要根据不同的消毒对象,可定期、反复地进行消毒。

2. 临时消毒　在非安全地区的整个非安全期内,以消灭病牛所散播的病原为目的而进行的消毒,称为临时消毒。临时消毒应尽早进行,消毒剂根据传染病的种类和具体情况选用。

3. 终末消毒　当病牛解除隔离、痊愈或死亡后,或在疫区解除封锁之前,为了消灭疫区内可能残留的病原微生物所进行的全面大消毒,称为终末消毒。消毒时不仅对病牛周围的一切物品和牛舍要进行消毒,对痊愈牛的体表和牛舍也要同时进行消毒。消毒剂的选用与临时消毒相同。

(二)物理消毒法

1. 日晒法　一般病毒和非芽胞的菌体,在阳光直射下,只需几分钟或几小时就能被杀死。抵抗力很强的芽胞,在强烈的阳光下连续反复暴晒,也可使其活性变弱或致死。这种方法用于养殖场的饲草、垫料、用具和运动场的消毒效果比较好。

2. 机械除菌法　使用冲洗、刷、擦、扫、通风等机械除菌方法,可大大减少人、肉牛体表、物体表面及空气中的有害微生物。如与化学消毒法结合使用，能获得更好的效果。

3. 火烧法　该方法简单、彻底，可用于处理病牛粪便、垫料、残余饲料及病牛尸体等带菌的废弃物；金属物品（隔栏、笼架）、墙及非木质饲槽等可用喷灯的火焰消毒。

4. 高温煮沸法　高温煮沸法能使大部分非芽胞病原菌死亡。芽胞耐热，但煮沸 1～2 小时也可使其死亡。凡煮沸后不会被损坏的物品和用具均可采用此法，消毒金属用具时，可在水中加 1%～2% 的碳酸钠，能提高煮沸消毒的效果和防锈。

（三）化学消毒法　使用化学消毒剂进行消毒，是应用最广的一种方法。化学消毒剂的种类很多，在进行消毒时应根据消毒目的和对象的特点，选用合适的消毒剂。消毒剂性质应稳定，无异臭、易溶于水、广谱杀菌和杀菌力强、对物品无腐蚀性，对人、牛无害。在牛肉中无残毒，毒性低，不易燃烧爆炸，使用无危险性，价格低，便于运输。

1. 常用化学消毒剂　常用的消毒剂有氢氧化钠（烧碱）、草木灰、石灰乳（氢氧化钙）、漂白粉、克辽林、石炭酸、福尔马林、高锰酸钾、过氧乙酸、来苏儿、氨水、碘酊等。

2. 化学消毒时应注意的问题　现场消毒时要保证实效，除选择杀菌力强、效力较高的消毒药外，还必须注意消毒现场的环境，以便进行彻底消毒。消毒对象要求表面洁净、干燥，若存在有机物会造成消毒力的减低。因此，在进行现场消毒时，首先要注意人、牛的安全，然后清除对所要消毒的物品表面残留的污物。

（四）生物学消毒法　生物学消毒的原理就是利用微生物分解有机物质而释放出的生物热进行消毒。生物热的温度可达 60℃～70℃，各种病原微生物及寄生虫卵等在这个温度环境下，经过 10～20 分钟以至数日即可相继死亡。生物学消毒这是一种最经济、简便、有效没有环境污染、无残留的消毒方法。

二、物理消毒技术

1. 机械消毒 机械消毒是指清扫、洗刷、通风和过滤等手段机械清除带有病原体废弃物的方法,是最普通、最常用的消毒方法。但它不能杀死病原体,所以还必须配合其他消毒方法同时使用,才能取得良好的消毒效果。

(1)准 备

①器械 扫帚、铁锹、清扫机、污物桶、喷雾器、水枪等。

②防护用品 雨靴、工作服、口罩、防护手套、毛巾、肥皂等。

(2)操作方法

①清扫 用清扫器具清除牛舍的粪便、垫料、尘土、废弃物等污物。清扫要全面彻底,不遗漏任何地方。

②洗刷 对水泥地面、地板、饲槽、水槽、用具或牛体等用清水或消毒液进行洗刷,或用喷水枪冲洗。冲洗要全面彻底。

③通风 一般采取开启门窗和用换气扇排风等方法进行通风。通风不能杀死病原体,但能使牛舍内空气清洁、新鲜,减少空气病原体对肉牛的侵袭。

④空气过滤 在牛舍的门窗、通风口等处安装过滤网,阻止粉尘、病原微生物等进入牛舍。

2. 焚烧消毒 焚烧消毒是直接将养殖场的废弃物进行焚烧或在焚烧炉内焚烧。该方法主要是对病死家畜、垫料、污染物品等进行消毒处理。

3. 火焰消毒

(1)准 备

①器械 火焰喷灯或火焰消毒器、汽油、煤油或酒精等。

②防护用品 手套、防护眼镜、工作服等。

(2)操作方法

①消毒对象 选择消毒的对象是牛舍墙壁、地面、用具、设备

等耐烧物品。

②点燃　将装有燃料的火焰喷灯或火焰消毒器用电子打火或人工打火点燃。

③方法　用喷出的火焰对被消毒物进行烧灼,消毒时一定要按顺序进行,以免遗漏,但不要烧灼过久,防止消毒物品的损坏和引起火灾。

4. 煮沸消毒　利用煮沸消毒一般温度不超过100℃,几分钟即可杀灭繁殖体类微生物,但要达到灭菌则往往需要较长的时间,一般应煮沸20～30分钟。各种耐煮物品及金属器械均可采用煮沸消毒。

三、化学消毒技术

化学消毒是一般养殖场常用的消毒方法,它是指用化学药物杀灭或抑制病原微生物的方法。常用方法有洗刷、浸泡、喷洒、熏蒸、擦拭、拌和与撒布等。

1. 准　备

(1)消毒器械　喷雾器、抹布、刷子、天平、量筒、容器、消毒池、加热容器、温(湿)度计等。

(2)消毒药品　根据消毒目的选择消毒剂。选择的消毒剂必须具备广谱抗菌、对病原体杀灭力强、性质稳定、维持消毒效果时间长、对人、牛毒性小、价廉易得、运输保存和使用方便,对环境污染小等特点。使用化学消毒剂时要考虑病原体对不同消毒剂的抵抗力、消毒剂的杀菌谱、有效使用浓度、作用时间、对消毒对象及环境温度的要求等。

(3)防护用品　防护服、防护镜、高筒靴、口罩、橡皮手套、毛巾、肥皂等。

(4)消毒液的配制　根据消毒面积或体积、消毒目的,按说明正确计算溶质和溶剂的用量,按要求配制。

2. 消毒方法 根据消毒对象和目的采取不同的方法。

(1)洗刷 用刷子蘸消毒液刷洗饲槽、水槽、用具等设备,洗刷后用清水清洗干净。

(2)浸泡 将需要消毒的物品浸泡在装有配制好的消毒液的消毒池中,按规定浸泡一定时间后取出。如将各种器具浸泡在0.5%～1%来苏儿溶液中消毒。浸泡后用清水清洗。

(3)喷洒 喷洒消毒是用喷雾器或喷壶对需要消毒的对象(畜舍地面墙壁、道路等)进行喷洒消毒。畜舍喷洒消毒一般以"先里后外、先上后下"的顺序为宜,即先对畜舍的最里头、最上面(顶棚或天花板)喷洒,然后再对墙壁、设备和地面仔细喷洒,从里到外逐渐到门口。水泥地面、棚顶、墙壁等每平方米用药量控制在 800 毫升左右,土地面、土墙壁等每平方米用药量控制在 1 000～1 200 毫升,设备每平方米用药量控制在 200～400 毫升。

(4)熏蒸 先将需要熏蒸消毒的场所等彻底清扫、冲洗干净,关闭所有门窗、排气孔,将盛装消毒剂的容器均匀摆放在要消毒的场所内,如场所长度超过 50 米,应每隔 20 米放 1 个容器;根据消毒空间大小,计算消毒药的用量,进行熏蒸。

①配制 用高锰酸钾和福尔马林混合熏蒸进行畜舍消毒时,一般每立方米用高锰酸钾 7～25 克、福尔马林 14～47 毫升,熏蒸12～24 小时。如果反应完全,剩下的是褐色干燥残渣;如果残渣潮湿说明高锰酸钾用量不足;如果残渣呈紫色说明高锰酸钾加得太多。

②过氧乙酸 过氧乙酸熏蒸消毒使用浓度是 3%～5%,每立方米 2.5 毫升,在空气相对湿度 60%～80%条件下,熏蒸 1～2 小时。

③固体甲醛 固体甲醛熏蒸消毒按每立方米 305 克用量,置于耐烧容器中,放在热源上加热,当温度达到 20℃以上时即可发出甲醛气体。

第十章　防疫与运输

第一节　检疫和防疫

一、检　疫

（一）采血　由兽医人员对所购肉牛进行采血。将牛进行保定，在颈部采静脉血液5毫升，然后送往当地兽医站（或送指定兽医站）检验。

（二）核验检疫结果

1. 检疫结果为阴性　检疫结果为阴性即所购肉牛健康，购买者要将健康牛进行编号，与当地牛分离进行单独圈养，待运。

2. 检疫结果为阳性　当所购肉牛的检疫结果为阳性时，说明该检疫对象为非健康牛。

二、防　疫

买方应当在购买地对所购肉牛进行有关疫苗的注射免疫，注射免疫后要进行隔离观察15天。在隔离观察期间，一旦发现病牛要立即剔除。15天隔离期过后表现正常的方视为健康牛。

第二节　运　输

一、运输前准备

在运输过程中，特别是长途运输会遇到许多因气候和环境等发生变化,非常容易引起肉牛个体发生应激反应。现实当中有许多因运输应激造成损失的例子。因此要采取一些措施和手段来使肉牛在运输途中减少应激反应。

(一)药物预防与应急

1. 口服或注射维生素 A 运输前 2～3 天开始,每头牛每日口服或注射维生素 A 25 万～100 万单位。

2. 注射氯丙嗪 在装运前,肌内注射 2.5% 的氯丙嗪注射液。每 100 千克活重的剂量为 1.7 毫升,短途运输采取注射氯丙嗪可以得到比较好的效果。

3. 应急措施 当肉牛在运输过程中发生了应激反应,特别是反应严重时会造成体弱牛卧下不起,可肌内注射强尔心(0.5%)注射液。体重 300 千克以下者,每头肌内注射 25～50 毫升;体重 300 千克以上者,肌内注射 50～100 毫升。

(二)饮水与饲喂预防

1. 饮水 在肉牛装运前 2～3 小时,不能给予过量饮水,少喂或不喂食盐,防止肉牛在运输过程中发生口渴。

2. 饲喂 装运前 1 天要停止饲喂青贮饲料、新鲜青草等青绿饲料,防止肉牛在运输过程中发生胀气,从而影响消化系统功能。

(三)管理预防

1. 动作轻缓 在装运过程中,动作要轻缓,禁止对肉牛使用任何粗暴或恐吓行为,防止因粗暴或恐吓行为导致应激反应加重,造成损失。

2. 合理装载 合理装载密度以牛挨牛不拥挤为原则。当装载密度过大时,在长途运输过程中牛需要休息,容易出现趴下后站不起来的现象,甚至造成踩踏死亡现象。装载密度过小时则易出现因刹车而摔倒的现象,容易造成骨折或内脏受损。在装载中要遵循以下几个原则。

(1)公母分开原则 成年牛在装载时必须实施公、母牛分开原则,防止因发情乱配。

(2)大小分开原则　购进的牛要实行大小分开,防止大小牛混运造成个体小的牛被挤死压伤。

(3)厚垫草原则　在运输车厢的地板上最好铺垫上连片的草帘子,防止肉牛在运输中损伤蹄部,或者因意外摔伤。

(4)高护栏原则　运输车的护栏要高于所运输牛体高30～50厘米,护栏有后开门的要锁牢,四周护栏结合要紧密结实,防止在运输途中松动散落造成摔伤、摔死的事故。

(5)体重与面积结合原则　用汽车运输肉牛,要根据每头牛体重大小来计算固定车厢面积应运输肉牛个体的数量(表10-1)。

表 10-1　汽车运输肉牛个体需占用的合理面积

体重(千克)	300 以下	300～350	350～400	400～500
面积(平方米)	0.8～0.9	1.0～1.1	1.2～1.3	1.4～1.5

在使用火车运输时,每头牛应占有的车厢面积,要根据运输距离的远近、牛体重的大小和牛身体健康状况而定。一般火车运输要比汽车运输所占面积要稍大些。

二、运输前检疫办理

动物及动物产品检验检疫需同时符合《中华人民共和国动物防疫法》(见附件)、《动物检疫管理办法》及《地方动物及动物产品检疫条例》,涉及出入境的运输还需要符合《中华人民共和国进出境动植物检疫法》(见附件)与入境国家及地区的相关法律法规。

出售或者运输的动物、动物产品经所在地县级动物卫生监督机构的官方兽医检疫合格,并取得《动物检疫证明》后,方可离开产地。其办理程序如下。

(一)检疫申报

1. 常规申报 货主应于起运前 3 天向县级及以上的动物卫生监督机构设立的动物检疫申报点提交检疫申报单,提交方式可以采取检点填报、信函、传真等,或按照申报点要求进行。

2. 向无规定动物疫病区输入申报 货主向无规定动物疫病区输入相关易感动物、易感动物产品的,除按规定向输出地动物卫生监督机构申报检疫外,还应当在起运前 3 天向输入地省、自治区、直辖市级动物卫生监督机构进行检疫申报。

(二)待检 在现场或到当地动物卫生监督机构所指定地点进行检疫。待检动物所在地应符合以下条件。

第一,当地未发生相关动物疫情。

第二,按照国家规定进行了强制免疫,并在有效期内。

第三,经临床检查健康。

第四,农业部规定需要进行实验室疫病检测的,检测结果符合要求。

第五,畜禽标识和养殖档案符合农业部规定。如果运输种用牛还应当符合农业部规定的健康标准。

(三)隔离期限 货主输入到无规定动物疫病区的相关易感动物,应当在输入地省、动物卫生监督机构指定的隔离场所进行隔离观察。

第一,大中型动物隔离期为 45 天。

第二,小型动物隔离期为 30 天。

隔离期满经检疫合格后,由输入地省、自治区、直辖市动物卫生监督机构的官方兽医出具《动物检疫证明》,方可允许货主将经检疫动物运送到相应地点。

三、申请车辆消毒程序

(一)提交申请 货主在运输启程前向当地农业局提出申请,

并提供运载车辆型号、牌照号及行车证等相关资料。

(二)填写表格　按规定填写并提交相关表格。

(三)车辆审验　由地方相关部门(一般为畜牧兽医行政部门或动物防疫监督机构)对运载车辆进行审验。

(四)车辆消毒　验车合格后,按要求对车辆进行普通消毒或密闭熏蒸消毒。

(五)核发证明　由相关部门 核发《动物及动物产品运载消毒证明》。

四、运输过程中的注意事项

(一)装车　在装车过程中要动作轻缓,切忌使用暴力,防止牛身体发生外伤和对牛刺激太大,产生应激反应,最终造成牛只的疾病和死亡。

1. 诱导法　在通往运输车厢的道路上、车厢内都铺上牛只爱吃的青、干草,引诱其自行走入车厢。

2. 通道法　用高 1.5 米,宽 1 米左右的围栏建立 1 个引导通道,引导栏连接运输车辆的厢门,缓缓驱赶牛沿通道进入车厢。

(二)途中保持平稳　在运输过程中,司机应注意尽量保持车辆平稳行进,稳启动、慢停车、减速转弯、不急刹车,沿途保持中速行驶。

(三)途中勤观察　在整个运输过程中应勤观察,不能让牛趴下。如果有弱牛、病牛出现无法站立时,可采用绳子兜立法使之强行站立,特别严重的可适量注射强心剂。

(四)卸车后注意事项

1. 隔离　所运输的牛只要在指定的隔离区域进行隔离观察 1 个月左右,经确认无传染病后方可混入健康群。

2. 卸车后饲养管理　卸车后不能马上饲喂和饮水,要休息一段时间,最好在 2 个小时之后给少量饮水和优质牧草或秸秆。

3. 治疗　对途中出现应激反应强烈和体弱的牛,要进行积极的治疗和细心的照顾直至康复。

第三节　运输工具的消毒方法

一、运输工具消毒

运输工具的消毒是动物防疫中一项重要手段,是保障动物运输安全、控制动物疫病传播的有效措施。车辆在运输动物及其动物产品前和卸载后,均应做好清除污垢、清扫洗刷和消毒工作。特别是卸后的清扫、洗刷和消毒工作更应做到仔细。

(一)未装运过动物及动物产品的运载工具的消毒　对于未曾装运过动物及动物产品的运输工具,一般只进行清扫除污,用水冲洗后即可装运。但最好还是使用消毒药液进行喷洒消毒更为安全。

(二)运输过动物及动物产品的运输工具的消毒　对于运输过动物及动物产品的运输工具,应先查验有无运输工具消毒证明,如有该证明,进行清扫后即可装运;如无运输工具消毒证明,则应先喷洒消毒药液,经一定时间后,再进行清扫洗刷,最后再用符合要求的消毒药液进行喷洒消毒后,取得运输工具消毒证明后方可装运动物及动物产品。

二、运输途中的消毒

动物及其产品在运输过程中,要在道路交通运输检疫消毒站进行过境消毒。过境消毒一般设立临时性检疫消毒站,负责对过往运输动物及其产品的车辆进行检疫监督和消毒工作。

对运输动物及动物产品的车辆一般实行活体和车体连带消毒。常用含有 5.0% 活性氯的漂白粉或 4.0% 的甲醛溶液对整个车体进行全面的喷雾消毒。因夏季炎热,在喷雾消毒前先用水冲洗,然后再消毒。消毒主要包括车厢和轮胎。对车辆轮胎的消毒,也可采用消毒池中灌注消毒液的方法,使车辆经过消毒池的浸润达到消毒的目的。消毒池的长度应为车辆轮胎周长的 2 倍以上(即车轮在消毒池内滚动 2 圈以上)为宜。根据过往车辆的数量及时间,及时更换消毒药或加入一定量的消毒药,以保持消毒效果。

三、卸后的消毒

(一)运送健康动物后的消毒 装运过健康动物及其未加工过的动物产品的运载工具,消毒相对比较简单。

第一,对污染物和垃圾进行清扫。

第二,用 70℃ 的热水洗刷或用消毒药进行喷洒消毒。

(二)运送一般传染病动物后消毒 运载过一般传染病的动物及其未加工的动物产品的运载工具,要比运送健康动物消毒要严格些。

1. 清扫 对车辆进行彻底清扫。

2. 消毒 用含有 2% 活性氯的漂白粉、或过氧乙酸、或 4% 氢氧化钠溶液、或 0.1% 碘溶液等药物进行喷雾消毒。

(三)运送过一类传染病动物后消毒 运载过一类动物传染病或疑似一类动物传染病以及病原微生物抵抗力强的患病动物(如炭疽等芽胞菌感染者)及染疫动物产品的车、船,消毒要更加复杂和严格。

第一,先用消毒药液喷洒消毒。

第二,彻底清扫。

第三,用含有 5% 活性氯的漂白粉、或 4% 甲醛溶液、或 0.5% 过氧乙酸消毒药液喷洒,每平方米需消毒药液 0.5 升。静置 30 分钟。

第四,对运送车、船内外用 70℃ 的热水进行喷洗。

第五,用上述第三步骤中的消毒液再消毒 1 次,药物用量为每米² 用药 1 升。

第六,清除的粪便、垫草和垃圾经喷洒消毒后,堆积发酵或焚烧。

第四节　运输对肉牛体重损失的影响因素

在肉牛运输途中会损失一部分肉牛个体的体重,这种重量损失主要包括:饲料和水分供应不足、粪尿排泄、肉牛机体本身消耗等造成肉牛体重下降。但这种体重下降如果没有疾病等意外,在运输后加强饲养管理很快就会恢复原有体重。其主要原因如下。

一、喂饲料和饮水

在运输称重前饲喂过多的饲料和饮水,在运输后的体重损失就比较大。如运前空腹称重,运后体重降低就少。

二、运输时间

运输时间越长,体重降低就多;运输时间越短,体重降低就少。

三、运输工具

运输距离相同时,不同的运输工具对牛的体重降低有不同的影响。相同的运输距离,因铁路空间大,途中运送平稳,安全性好,所以铁路运输要比公路运输肉牛体重降低要少。

四、运输环境温度

当环境温度在 7℃～16℃时,所运输的肉牛体重途中降低就少;当在炎热和寒冷的环境下运输,肉牛个体体重降低就多。

五、肉牛年龄

年龄小的肉牛比年龄大的肉牛在运输过程中体重降低比例大。即相对体重降低比较多。

六、装载与运输

当运输工具中装载肉牛数量过多、大小强弱混装、道路状况不好、驾驶员技术差时，肉牛体重在运输过程中就会降低较正常时多。

七、药物镇静

运输前使用镇静药物可使肉牛在运输过程中减少体重降低的数量。常采用氯丙嗪作为药物镇静药，参考用量为 2.5% 浓度的 1.7 毫升/100 千克体重。口服或注射维生素 A，运输前 2～3 天，每头肉牛每天口服或注射维生素 A 25 万～100 万单位。均可达到较好的效果。

肉牛在运输途中体重降低的原因，就是因为运输的环境与肉牛原有的生活规律和节奏被打乱，导致其正常生理活动的改变，从而产生了应激反应造成最终的体重降低。肉牛在运输过程中体重降低越多，货主所承受的损失就越大，因此货主在运输过程中要采取相应的措施，尽量降低和避免肉牛因运输过程中应激反应过大，造成的体重降低甚至死亡的损失。

第五节　与运输肉牛有关的书面证明

第一，动物及动物产品运载消毒证明。

第二，产地检疫证明。

第三，运输检疫证明。

第四，非疫区证明。

第五,到达地隔离检疫健康证明。

上述各项书面证明均由当地兽医管理相关部门根据实际情况给货主开据。

下　篇

第十一章　疾病防治技术

第一节　牛的传染病

一、口　蹄　疫

口蹄疫俗称"口疮"、"蹄癀"，是由口蹄疫病毒引起的牛的一种急性、热性、高度接触性传染病。临诊上以口腔黏膜、蹄部及乳房皮肤发生水疱和溃烂为特征。本病有强烈的传染性，一旦发病，传播速度很快，往往造成大流行，不易控制和消灭，带来严重的经济损失。因此，世界动物卫生组织（OIE）将本病列为发病必须报告的 A 类动物疫病名单之首。

【病　原】　口蹄疫病毒属小核糖核酸病毒科，口蹄疫病毒属。分为 7 个血清型，即 A、O、C、南非 1、南非 2、南非 3 和亚洲 1 型，其中以 A、O 两型分布最广，危害最大。病毒具有多型性和易变性等特点，彼此无交叉免疫性。病毒的这种特性，给本病的检疫、防疫带来很大困难。

口蹄疫病毒对外界因素的抵抗力较强，不怕干燥。在自然情况下，含毒组织和污染的饲料、饲草、皮毛及土壤等可保持传染性达数周至数月之久。粪便中的病毒，在温暖的季节可存活 29～33 天，在冻结条件下可以越冬。但对酸和碱十分敏感，易被酸性和碱性消毒药杀死。

【流行病学】 本病的发生没有严格的季节性,一般冬、春季较易发生大流行,夏季减缓或平息。病牛或带毒牛是最危险的传染源。主要经过直接接触或间接接触传染,包括通过消化道和呼吸道感染,也可经损伤的皮肤和黏膜感染。

【临床症状】 本病潜伏期2～4天,最长可达1周左右。病牛体温升高达41℃～42℃,精神委顿,食欲减退,闭口流涎,1～2天后,唇内面、齿龈、舌面和颊部黏膜发生水疱,破溃后形成浅表的红色烂斑。病牛采食和反刍停止。水疱破裂后,体温下降,全身症状好转。在口腔发生水疱的同时或稍后,蹄冠、蹄叉、蹄踵部皮肤表现热、肿、痛,继而发生水疱,并很快破溃后形成烂斑,病牛跛行。如不继发感染则逐渐愈合。如蹄部继发细菌感染,局部化脓坏死,则病程延长,甚至蹄匣脱落。病牛的乳头皮肤有时也可出现水疱、烂斑。母牛经常流产。哺乳犊牛患病时,水疱症状不明显,常呈急性胃肠炎和心肌炎症状而突然死亡(恶性口蹄疫),病死率高达20%～50%。

【诊　断】 根据流行特点和临床症状可做出初步诊断。为了与类似疾病鉴别及毒型的鉴定,须进行实验室检查。

【鉴别诊断】 本病应与牛黏膜病、牛恶性卡他热、水疱性口炎加以区别。

1. 与牛黏膜病区别 口黏膜有与口蹄疫相似的糜烂,但无明显水疱过程,糜烂灶小而浅表,以腹泻为主要症状。

2. 与牛恶性卡他热区别 除口腔黏膜有糜烂外,鼻黏膜和鼻镜上也有坏死过程,还有全眼球炎、角膜混浊,全身症状严重,病死率很高。它的发生多与羊接触有关,呈散发。

3. 与水疱性口炎区别 口腔病变与口蹄疫相似,但较少侵害蹄部和乳房皮肤。常在一定地区呈点状发生,发病率和病死率都很低,多见于夏季和秋初。

【预　防】　在疫区、受威胁区根据流行的毒型注射口蹄疫疫苗。发现口蹄疫时,采取下列措施。

1. 报告　立即向动物防疫监督机构报告疫情,划定疫点、疫区,由当地县级人民政府实行封锁,并通知毗邻地区加强防范,以免扩大传播。

2. 送检　采取水疱皮和水疱液等病料,送检定型。

3. 隔离　对全群动物进行检疫,立即隔离病畜。

4. 扑杀　扑杀病畜和同群畜。按照"早、快、严、小"的原则,进行控制、扑灭。禁止病畜外运,杜绝易感动物调入。饲养人员要严格执行消毒制度和措施。

5. 紧急接种　实行紧急预防接种,对假定健康动物、受威胁区动物实施预防接种。建立免疫带,防止口蹄疫从疫区传出。

6. 消毒　疫点严格消毒,粪便堆积发酵处理。畜舍、场地及用具用2%～4%氢氧化钠液消毒。

7. 解除疫情　在最后1头病畜扑杀后,经14天无新病例出现时,经过彻底消毒后,由发布封锁令的政府宣布解除封锁。

二、水疱性口炎

水疱性口炎是由水疱性口炎病毒引起的一种急性热性传染病。以口腔黏膜、舌、唇、乳头和蹄冠部上皮发生水疱为特征。

【病　原】　本病病原为水疱性口炎病毒,属弹状病毒科,水疱性病毒属。有两个血清型和若干亚型,型间无交互免疫性。病原对外界环境和常用消毒药的抵抗力较弱,2%氢氧化钠溶液或1%甲醛溶液能在数分钟内杀死病毒。

【流行病学】　病牛是主要的传染源。病毒从病牛的水疱液和唾液排出,通过健康牛损伤的皮肤黏膜和消化道而感染,也可通过昆虫叮咬而感染。本病的发生具有明显的季节性,多见于夏季和秋初。

【**症　状**】　潜伏期 3～5 天。病初体温升高达 40℃～41℃，精神沉郁，食欲减退，反刍减少。具有特征性的症状是在舌、唇黏膜上出现米粒大的小水疱，而后彼此融合形成蚕豆大的大水疱，内含黄色透明液体。水疱破溃后遗留边缘不整的鲜红色烂斑。病牛大量流涎，呈引缕状垂于口角。有时病牛在蹄部及乳头皮肤上发生水疱。病程 1～2 周，转归良好，极少死亡。

【**诊　断**】　根据本病流行有明显的季节性和典型的水疱病变，以及流涎的特征症状，一般可做出初步诊断。必要时应进行实验室检验，采取水疱液和水疱皮做进一步确诊。

【**预　防**】　消灭吸血昆虫；加强饲养管理，注意保持环境卫生，定期消毒牛舍、用具等。增强机体抵抗力，发生本病时，应隔离病牛和可疑病牛，封锁疫区，并对污染的场地严格消毒。

【**治　疗**】　本病多呈良性经过，加强护理，即可康复。如口腔黏膜有烂斑时，可用 0.1％的高锰酸钾溶液冲洗口腔，然后涂抹碘甘油。

三、牛病毒性腹泻-黏膜病

本病简称牛病毒性腹泻或牛黏膜病。其特征为黏膜发炎、糜烂、坏死和腹泻。

【**病　原**】　病原为牛病毒性腹泻病毒，又名黏膜病病毒，属披膜病毒科，瘟疫病毒属。本病毒对外界环境抵抗力较弱，对乙醚、氯仿敏感，56℃很快被灭活，pH 值 3 以下易被破坏，血液和组织中的病毒在冰冻状态下冻干（－70℃）可存活多年。

【**流行病学**】　不同品种、性别、年龄的牛都易感，但幼龄牛易感性较高。患病牛及带毒牛是本病的主要传染源。病牛的分泌物和排泄物中含有病毒，康复牛可带毒 6 个月。直接或间接接触均可传染本病，主要通过消化道和呼吸道而感染，也可通过胎盘感染。新疫区急性病例多，各龄牛均可感染发病，发病率和致死率比较高。老疫区急性病例少见,发病率和致死率比较低,而隐性感染者居多,占 $50\% \sim 90\%$。本病常年均可发生,通常多发生于冬末和春季。

【症　状】　一般潜伏期为 $7 \sim 10$ 天。

1. 急性型　病牛突然发病,体温升高达 $40℃ \sim 42℃$,一般稽留 $4 \sim 7$ 天,同时伴发白细胞减少。病牛精神沉郁,食欲废绝,鼻眼有浆液性分泌物,咳嗽,鼻镜及口腔黏膜充血糜烂,舌上皮坏死,流涎增多,呼气恶臭。继而发生腹泻,最初呈水样,恶臭,以后带有纤维素性伪膜和血。如不及时治疗,往往于 $5 \sim 7$ 天死亡。有些病牛常有蹄叶炎及趾间皮肤糜烂坏死,从而导致跛行。

2. 慢性型　病牛很少有明显的发热症状,持续或间歇性腹泻,出现跛行,病程长达数月,终归死亡。妊娠母牛发病,常引起流产或犊牛先天性缺陷。

【病　变】　上呼吸道、口腔及胃肠黏膜充血、出血、糜烂、溃疡,其中特征性病变是食管黏膜的糜烂,烂斑大小不等、形状不规则,糜烂多沿皱褶成纵行线状排列。淋巴滤泡和集合淋巴结有出血和坏死变化。消化道淋巴结水肿。有些病例在趾间有糜烂或溃疡。

【诊　断】　根据流行特点、临床症状及剖检病变,特别是腹泻、消化道的糜烂和溃疡等特征性病变,可做出初步诊断。确诊需进行血清学检验或病毒分离鉴定。

【预　防】　平时加强口岸检疫,防止引入带毒牛。一旦发病,对病牛要隔离或急宰。严格消毒,限制牛群活动,防止扩大传染。必要时可用弱毒疫苗或灭活疫苗进行预防接种。

【治　疗】　目前尚无有效疗法。应用收敛剂和补液疗法可缩短恢复期、减少损失。用抗生素和磺胺类药物,可减少继发性细菌感染。

四、牛流行热

牛流行热又称"三日热"、"暂时热",是牛的一种急性、热性、高度接触性传染病。其特征是突然高热,呼吸道和消化道呈卡他性炎症,关节炎症。本病发病率高,传播迅速,病程短,多取良性经过。

【病　原】　牛流行热病毒属弹状病毒科,水疱病毒属。病原存在于病牛的血液和呼吸道的分泌物中。病毒对外界环境的抵抗力不强,一般消毒药均能将其杀死。对乙醚、氯仿和去氧胆酸盐等脂溶剂敏感,不耐酸、碱,不耐高温,但耐低温,-70℃下可长期保持毒力。

【流行病学】　病牛是主要传染源。病毒主要存在于病牛血液和呼吸道分泌物中。在自然条件下,多因吸血昆虫叮咬传播本病,故本病的流行有明显的季节性。本病传播迅速,短期内可使很多牛感染发病。不同品种、性别、年龄的牛均可感染发病,呈流行性或大流行性,3～5年流行1次。

【症　状】　潜伏期一般为3～7天。常突然发病。病初恶寒战栗,体温升高达40℃以上,持续2～3天。高热的同时,病牛流泪,眼睑和结膜充血、水肿。呼吸促迫。食欲废绝,反刍停止,多量流涎,粪干或腹泻。四肢关节肿痛、跛行。站立困难。妊娠母牛可流产。母牛泌乳量迅速下降或停止。病程一般为2～5天,大部分能自愈,死亡率低,康复牛可获得免疫力。

【病　变】　呼吸道黏膜充血、肿胀和点状出血。有不同程度的肺间质性气肿,部分病例可见肺充血及水肿,肺体积增大。肝、肾稍肿胀,并有散在小坏死灶。全身淋巴结充血、出血、肿胀。

【诊　断】　根据流行特点和临床症状可做出初步诊断。确诊需进行血清学检验或病毒分离鉴定。

【预　防】

1. 灭虫　消灭吸血昆虫，防止吸血昆虫的叮咬。在流行季节到来之前，应用牛流行热亚单位疫苗或灭活疫苗预防注射，均有较好效果。

2. 隔离消毒　发生疫情后，及时隔离病牛，并进行严格的封锁和消毒。

【治　疗】　目前尚无特效疗法。主要采取解热镇痛、强心补液等对症治疗。

五、狂犬病

狂犬病又称"疯狗病"，本病病死率极高，一旦发病，几乎全部死亡。病毒主要侵害中枢神经系统，病牛的临床特征是兴奋，号叫，最后麻痹死亡。

【病　原】　本病病原为弹状病毒科的狂犬病病毒。主要存在于病牛的中枢神经组织和唾液腺中。病毒对外界环境的抵抗力较弱，可被各种理化因素灭活，不耐湿热，56℃ 15～30 分钟或 100℃ 2 分钟均可使之灭活，5％石炭酸溶液、43％～70％乙醇、0.01％碘液、5％甲醛溶液等能迅速将其杀死，其他酸类及碱类、X 射线及紫外线照射均能杀死病毒，但在冷冻或冻干状态下可长期保存病毒。

【流行病学】　牛狂犬病以犊牛和母牛发病率为高。主要由狂犬病狗咬伤所引起。咬伤部位越靠近头部，发病率越高，症状越重。当健康牛皮肤黏膜有损伤时，接触病畜的唾液也可感染。本病多为散发，死亡率高。

【症　状】　潜伏期变动范围很大，平均 30～90 天。病牛初见精神沉郁，食欲减退。不久表现起卧不安，前肢刨地，有阵发性兴奋和冲击动作。当兴奋发作后，往往有短暂停歇，以后再度发作。并逐渐出现麻痹症状，如吞咽麻痹，伸颈、流涎、臌气，最后倒地不起，衰竭而死。

【诊　断】　本病的临床诊断比较困难,有时因潜伏期长,查不清咬伤史,症状又易与其他脑炎相混而误诊。如病牛出现典型的病程,各个病期的临床表现十分明显,则结合病史可以做出初步诊断。但确诊要采取脑组织进行实验室检验。

【预　防】　狂犬病狗是主要的传染源,因此要预防狂犬病,首先应做好预防狗狂犬病的工作,每年定期给狗接种狂犬病疫苗,扑杀野狗和疯狗。

【治　疗】　目前对本病尚无特殊的治疗方法。牛被疯狗咬伤后,应立即以肥皂水和大量清水冲洗伤口,涂擦碘酊,并尽早注射疫苗。

六、牛海绵状脑病

牛海绵状脑病又称疯牛病,是牛的一种神经性、渐进性、致死性疾病。病牛临床表现为对触、听、视觉过敏,自主神经调节失常以及共济失调。典型的病理变化是病牛脑干灰质特定神经元核周体或神经纤维网(胞质)中出现海绵状空泡变性。对该病目前尚无治疗方法,病死率为100%。

【病　原】　本病病原为一种无核酸的蛋白性侵染颗粒(简称朊病毒或朊粒),是由宿主神经细胞表面正常的一种糖蛋白(PrP^c)在转变后发生某些修饰而形成的异常蛋白(PrP^{BSE})。PrP^{BSE}在脑内的沉积以及由此而引起的神经细胞的空泡化,常是牛海绵状脑病的主要特性。常用消毒剂及紫外线对该病原无效。136℃高温30分钟才可将其杀死。360℃干热条件下,可存活1小时。含2%有效氯的次氯酸钠及2克当量的氢氧化钠,20℃作用1小时以上用于表面消毒。病原在土壤中可存活3年。

【流行病学】　疯牛病主要通过被污染的饲料经消化道传染。平均潜伏期约为5天,不会发生动物与动物之间自然水平接触传播,目前也没有确切的证据表明该病会垂直传播给后代。母牛多发(因母牛存养时间比肉牛长,且饲喂肉骨粉量较大)。易感性与品种、性别、遗传因素无关。

【症　状】　病程一般为 14～180 天,其临诊症状不尽相同。多数病例表现出中枢神经系统的症状。常见病牛烦躁不安,行为反常,对声音和触摸过分敏感。常由于恐惧、狂躁而表现出攻击性,共济失调,步态不稳,常乱踢乱蹬以至摔倒。少数病牛可见头部和肩部肌肉颤抖和抽搐。后期出现强直性痉挛,泌乳减少。耳对称性活动困难,常一只伸向前,另一只向后或保持正常。病牛食欲正常,粪便坚硬,体温偏高,呼吸频率增加,最后常极度消瘦而死亡。

【病　变】　肉眼变化不明显。组织学检查主要的病理变化是脑组织呈海绵样外观(脑组织的空泡化)。脑干灰质发生双侧对称性海绵状变性,在神经纤维网和神经细胞中含有数量不等的空泡,无任何炎症反应。

【诊　断】　根据特征的临诊症状和流行病学特征可以做出初步诊断。由于本病既无炎症反应,又不产生免疫应答,迄今尚难进行血清学诊断。发现可疑病例后,应进行采样,送专门实验室检测。目前尚不能进行疯牛病病原的分离,定性诊断以大脑组织病理学检查为主。据 WELL(1989)报道,脑干区的空泡变化,特别是延髓孤束核和三叉神经脊束核的空泡变化,使诊断疯牛病的准确率高达 99.6%。脑干神经原及神经纤维网空泡化具有诊断性意义。

【防　制】

第一,我国尚未发现疯牛病,但仍有从境外传入的可能,为此,要加强口岸检疫工作。

第二,建立疯牛病监测体系,对疯牛病采取强制性检疫和报告制度。

第三,禁止从疯牛病发病国或高风险国进口活牛、牛胚胎和精液、脂肪、牛肉、牛内脏及有关制品。

第四，一旦发现可疑病例，应立即屠宰，并取脑各部位组织做神经病理学检查，如符合疯牛病的诊断标准，对其接触牛群亦应全部处理，尸体焚毁或深埋3米以下。

七、炭　疽

炭疽是由炭疽杆菌引起的一种人、畜共患的急性、热性、败血性传染病。其病变的特点是脾脏显著肿大，皮下及浆膜下结缔组织出血性浸润，血液凝固不良，呈煤焦油样。

【病　原】　本病病原为炭疽杆菌，革兰氏染色阳性，菌体两端平直，呈竹节状，无鞭毛。濒死病畜的血液中常有大量细菌存在，呈单个或成对，有荚膜，培养物中的菌体粗大，多呈长链排列，不形成荚膜。本菌在病畜体内和未解剖的尸体内不形成芽胞，抵抗力较弱，一般浓度的常用消毒药都能将其在短时间内杀死。但在空气中能形成芽胞，芽胞的抵抗力很强，在干燥的状态下可存活32～50年，150℃干热60分钟方可杀死。现场消毒常用20%漂白粉，0.1%升汞，0.5%过氧乙酸。

【流行病学】　病牛是主要的传染源，其血液、分泌物、排泄物含有大量炭疽杆菌，主要通过消化道感染。但经呼吸道、皮肤创伤及昆虫叮咬而感染的可能性也存在。在自然条件下，草食兽最易感，人对炭疽普遍易感。

本病常呈地方性流行，干旱或多雨、洪水涝积、吸血昆虫多都是促进炭疽暴发的因素，从疫区输入病畜产品也常引起本病暴发。

【症　状】　本病潜伏期一般为1～5天，最长可达14天，根据症状和病程，可分为以下3种类型。

1. **最急性型**　多见于流行初期。牛常突然发病。外表完全健康的牛突然倒地，全身战栗，出现昏迷，呼吸极度困难，可视黏膜发绀，天然孔流出带泡沫的暗色血液，整个病程约数分钟至数小时。

2. 急性型 此类型最常见。病牛体温高达 40℃～42℃,精神沉郁,食欲减退甚至废绝,泌乳停止,呼吸困难,可视黏膜发绀。初期便秘,后腹痛腹泻,粪中带血。妊娠母牛流产。后期体温下降,天然孔出血。病程 1～2 天。

3. 亚急性型 症状类似急性型,但病情较轻,病程较长,常见颈部、咽部、胸部、腹下、肩胛或乳房等部皮肤、直肠或口腔黏膜等处发生炭疽痈,初期硬固有热痛,以后热痛消失,可发生坏死或溃疡,病程可达 1 周。

【病 变】 急性炭疽为败血症病变,尸僵不全,尸体极易腐败,天然孔流出带泡沫的黑红色血液,黏膜发绀,剖检时,血凝不良,黏稠如煤焦油样,全身多发性出血,皮下、肌间、浆膜下结缔组织水肿、脾脏变性、淤血、出血、水肿,肿大 2～5 倍,脾髓呈暗红色,煤焦油样,粥样软化。

【诊 断】 炭疽尸体一般不得解剖。必须时,在严格消毒的场所和安全措施下进行。对疑似炭疽的病死牛,应采取末梢静脉血,或必要时可局部解剖采取一小块脾脏,制成涂片后用美蓝染液、瑞氏染液染色镜检,发现有多量单在、成对或 2～4 个菌体相连的短链排列、竹节状有荚膜的粗大杆菌,结合临床症状即可确诊。如镜检仍不能确定,可进行细菌培养或做血清学检查。

【预 防】

第一,经常发生炭疽及受威胁区的牛每年应进行 1 次无毒炭疽芽胞苗预防注射。

第二,发生本病,疫区应进行封锁,并立即上报,对病牛隔离治疗。受威胁区及假定健康动物做紧急预防接种。

第三,确诊为炭疽后,用浸泡过消毒液的棉花或纱布堵塞病死牛的天然孔及切开处,连同粪便、垫草一起焚烧,尸体可就地深埋,病死牛躺过的地面应除去表土 15～20 厘米深并与 20% 漂白粉混合后深埋。

　　第四，畜舍、场地、用具等，用10％氢氧化钠溶液、20％漂白粉或0.2％升汞溶液消毒。被病畜污染的草料、排泄物，要深埋或焚烧。

　　【治　疗】

　　1. 药物选择　炭疽杆菌对青霉素、链霉素、金霉素、土霉素等敏感，最常用的为青霉素，使用时剂量适当加大。

　　2. 药物治疗　磺胺类药物以磺胺嘧啶效果最好，第一次剂量加倍。如抗菌药物与抗炭疽血清同时应用，效果更佳。

　　3. 血清治疗　病初用抗炭疽血清治疗，效果较好。

八、气 肿 疽

　　气肿疽俗称"黑腿病"，是由气肿疽梭菌引起的牛的一种急性、发热性传染病。其特征为肌肉丰富部位发生炎性气性肿胀，并常有跛行。

　　【病　原】　本病病原为气肿疽梭菌。为圆端杆菌，周身有鞭毛，能运动，严格厌氧，革兰氏染色阳性，无荚膜，能形成芽胞。芽胞抵抗力较强，在土壤内可存活5年以上，在腐败肌肉中能生存6个月。煮沸经20分钟、0.2％升汞溶液10分钟、3％甲醛溶液15分钟才能杀死芽胞。

　　【流行病学】　0.5～3岁的牛最易感染。病牛是主要的传染源。病牛体内的病原体进入土壤，以芽胞形式长期生存于土壤中，牛采食了被这种土壤污染的饲草或饮水即可感染发病。本病常呈地方性流行，一年四季都可发生，但以温暖多雨的季节和地势低洼地区发生较多。

　　【症　状】　潜伏期一般为3～5天，常突然发病。体温升高到41℃～42℃，食欲废绝，反刍停止，出现跛行。不久在股部、臀部、肩部等肌肉丰满部位发生气性炎性水肿，并迅速向四周扩散。初有热、痛，后变冷且无知觉，皮肤干燥、紧张，紫黑色。叩诊呈鼓音，压之有捻发音，肿胀破溃或切开后，流出暗红色带泡沫的酸臭液体。呼吸困难，脉搏细速，全身症状恶化，如不及时治疗，常在1～2天死亡。

【病　变】　因本病而死的尸体只表现轻微腐败变化，但因为皮下结缔组织气肿及瘤胃臌胀而尸体显著膨胀。又因肺脏在濒死期水肿的结果，由鼻孔流出血样泡沫，肛门和阴道口也有血样液体流出。在肌肉丰厚部位有捻发音性肿胀。患部皮肤或正常或表现部分坏死。皮下组织呈红色或金黄色胶样浸润，有的部位杂有出血或小气泡。肿胀部的肌肉潮湿或特殊干燥，呈海绵状有刺激性酪酸样气体，触之有捻发音，切面呈一致污棕色，或有灰红色、淡黄色和黑色条纹，肌纤维束为小气泡胀裂。如病程较长，患部肌肉组织坏死性病变明显。胸、腹腔有暗红色浆液，心包液暗红而增多。心脏内、外膜有出血斑，心肌变性，色淡而脆。肺小叶间水肿，淋巴结急性肿胀和出血性浆液浸润。脾常无变化或被小气泡所胀大，血呈暗红色。肝切面有大小不等棕色干燥病灶。肾脏也有类似变化，胃肠有时有轻微出血性炎症。

【诊　断】　根据流行病学资料、临床症状和病理变化，可做出初步诊断。进一步确诊需采取肿胀部位的肌肉、肝、脾及水肿液，做细菌分离培养和动物试验。

【预　防】

第一，发病地区，每年春、秋季进行气肿疽菌苗预防注射。

第二，发现病牛，应立即隔离治疗，病死牛严禁剥皮吃肉，应深埋或焚烧，以减少病原的散播。

第三，病牛圈舍、用具以及被污染的环境用3%甲醛溶液或0.2%升汞溶液消毒。粪便、污染的饲料和垫草等均应焚烧销毁。

【治　疗】　早期可用抗气肿疽血清，静脉或腹腔注射，同时应用青霉素和四环素，效果较好。局部治疗，可用加有80万～100

万单位青霉素的 0.25％～0.5％普鲁卡因注射液 10～20 毫升,于肿胀部周围分点注射。

九、恶性水肿

恶性水肿是由以腐败梭菌为主的多种梭菌引起的牛的一种经创伤感染的急性传染病,病的特征为创伤局部发生急性气性炎性水肿,并伴有发热和全身毒血症。

【病　原】　本病的病原主要为腐败梭菌,其次是水肿梭菌,魏氏梭菌和溶组织梭菌等。这些细菌均为革兰氏染色阳性厌氧大杆菌。它们在无氧条件下可形成粗于菌体的梭形芽胞。芽胞抵抗力很强,强力消毒药(如 10％～20％漂白粉混悬液,3％～5％硫酸、石炭酸合剂,3％～5％氢氧化钠溶液)可在较短时间内杀灭菌体。

【流行病学】　本病的病原菌广泛存在于自然界中,以土壤和动物肠道中较多,而成为传染源。病牛不能直接接触传染健康动物,但能加重外界环境的污染。传染主要由于外伤如去势、断尾、注射、剪毛、采血、助产及外科手术等消毒不慎,污染本菌芽胞而引起感染。多为散发。

【症　状】　潜伏期 1～5 天,病牛病初体温高,在伤口周围发生气性炎性水肿。并迅速扩散蔓延,肿胀部初期坚实、灼热、疼痛,后变冷而无痛,形成气肿,指压有捻发音。切开肿胀部,皮下、肌间结缔组织内流出多量淡红褐色液体,混有气泡,气味酸臭。随着炎性气性水肿的急剧发展,全身中毒症状加剧,表现高热稽留,呼吸困难,食欲废绝,偶有腹泻,患牛多在 1～3 天死亡。如因分娩感染,则在产后 2～5 天,阴道流出不洁红褐色恶臭液体,阴道黏膜充血发炎,会阴水肿,并迅速蔓延至腹下、股部,以至发生运动障碍和全身症状。因去势感染时,多在术后 2～5 天,阴囊、腹下发生弥漫性气性炎性水肿,腹壁感觉过敏,并伴有严重的全身症状。

【诊　断】　根据临诊特点,结合外伤的情况可疑为本病,但确诊必须进行细菌学检查,取病变组织,尤其是肝脏浆膜,制成涂片或触片染色镜检,可见到呈链状排列的长丝状菌体。此外,还可应用免疫荧光抗体对本病做快速诊断。

【预　防】

1. 防止外伤　平时注意防止外伤,当发生外伤后要及时进行消毒和治疗,各种外科手术及注射均应无菌操作,并做好术后护理工作。

2. 隔离消毒　发生本病时隔离病畜,污染的牛舍和场地用10%漂白粉混悬液或3%氢氧化钠溶液消毒。

3. 处理　死于本病牛不能再利用,应予深埋或焚毁。

【治　疗】

第一,早期对患部进行冷敷,后期切开,清除异物和腐败组织,吸出水肿部渗出液,再用氧化剂(如0.1%高锰酸钾或3%过氧化氢液)冲洗,然后撒上磺胺粉或青霉素粉,并施以开放疗法。

第二,青霉素200万～300万单位,肌内注射,连用数次。

第三,10%～20%磺胺嘧啶钠注射液100～150毫升,肌内注射,或与5%葡萄糖注射液1 500～2 000毫升混合静脉注射。

第四,进行必要的对症治疗,如强心、补液和解毒等。适当使用樟脑酒精葡萄糖注射液和5%碳酸氢钠注射液,可改善心脏功能和防止酸中毒。

十、破 伤 风

破伤风又名强直症,俗称锁口风,是由破伤风梭菌经伤口感染引起的一种急性中毒性人畜共患病。临诊上以骨骼肌持续性痉挛和神经反射兴奋性增高为特征。

【病　原】　本病病原为破伤风梭菌,又称强直梭菌,为一种大型厌气性革兰氏阳性杆菌,多单个存在。本菌在动物体内外均可形成芽胞,其芽胞在菌体一端,似鼓锤状或球拍状。多数菌株有鞭毛,能运动,不形成荚膜。本菌繁殖体抵抗力不强,一般消毒药均能在短时间内将其杀死,但芽胞体抵抗力强,在土壤中可存活几十年。煮沸需 90 分钟、高压灭菌需 20 分钟才可将其杀死。局部创伤消毒可用 5%～10%碘酊、3%过氧化氢溶液或 0.1%～0.2%高锰酸钾溶液。

【流行病学】 破伤风梭菌广泛存在于土壤和草食动物的粪便中。污染的土壤成为本病的传染源。感染常见于各种创伤,如断脐、去势、断尾、穿鼻、手术及产后感染等。本病无明显的季节性,多为零星散发。

【症 状】 潜伏期 1～2 周或更长。早期症状常见肌肉痉挛、咀嚼缓慢,头颈运动不自然,随后病牛头颈伸直,牙关紧闭,流涎;四肢僵硬,尾上举,严重时关节屈曲困难,呆如木马。瞬膜外露,反刍、嗳气停止,瘤胃臌气。病牛的反射功能亢进,受到声响、强光等刺激时,症状加剧。病死率较低。

【诊 断】 根据病牛的特殊临诊症状结合创伤史,可做出确诊。

【预 防】

1. 防止外伤 当发现外伤时,应及时处理,彻底清洁伤口并涂 5%碘酊。去势、去角和外科手术前注意严格消毒。

2. 正常免疫 常发病地区,每年定期皮下注射破伤风类毒素 1 毫升,犊牛减半。注射后 3 周产生免疫力。

【治 疗】 治疗本病应包括加强护理、创伤处理和药物治疗 3 个方面。将病牛置于阴暗处,避免声、光刺激。扩大伤口,清除脓汁和坏死组织,用 3%过氧化氢溶液、1%～2%高锰酸钾溶液或 5%碘酊消毒,肌内注射青霉素 200 万～400 万单位。同时随补液静脉内注射破伤风抗毒素 50 万～90 万单位(或肌内注射)、40%乌洛托品注射液 50 毫升。此外,还要进行对症处理,如输液补糖,解除酸中毒以及防止并发症等。

十一、牛坏死杆菌病

坏死杆菌病是由坏死梭杆菌引起的多种家畜共患的一种慢性传染病。病的特征是在受损伤的皮肤和皮下组织、消化道黏膜发生组织坏死，有的在内脏形成转移性坏死灶。

【病　原】　坏死梭杆菌为多形性的革兰氏阴性菌，本菌无荚膜、鞭毛和芽胞，为严格厌氧菌。能产生多种毒素，导致组织水肿和坏死。本菌对理化因素抵抗力不强，常用消毒药均有效，但在污染的土壤和有机质中能存活较长时间。

【流行病学】　坏死梭杆菌广泛存在于自然界，主要通过损伤的皮肤、黏膜和消化道而感染。新生犊牛有时经脐带感染。本病多发生于低洼潮湿地区，常发于炎热、多雨季节，一般散发或呈地方流行性。

【症　状】　牛主要发生腐蹄病和坏死性口炎。

1. 腐蹄病　成年牛多发。病初跛行，蹄部肿胀或溃疡，流出恶臭的脓汁。病变如向深部扩展，则可波及腱、韧带和关节、滑液囊，严重者可出现蹄壳脱落，重症者有全身症状，如发热、厌食，进而发生脓毒败血症死亡。

2. 坏死性口炎　又称"白喉"，多见于犊牛。在舌、齿龈、上腭、颊、喉头等处黏膜发生坏死，坏死灶表面覆有灰褐色或灰白色粗糙的假膜，假膜脱落后露出溃疡面。病牛发热、厌食、流涎、间有脓性鼻液，呼吸困难。有时蔓延至肺和肠引起坏死性肺炎和坏死性肠炎，或发生败血症而死亡。

【诊　断】　根据本病的发生部位是以肢蹄部和口腔黏膜坏死性炎症为主，以及坏死组织有特殊的臭味和变化及相应功能障碍，再结合流行病学资料，可以做出初步诊断。确诊需进行实验室诊断。

【预　防】

第一，改善环境卫生和蹄的护理，避免皮肤和黏膜损伤，发现创伤及时处理。

第二，不宜在低洼、潮湿的地区放牧，牛舍保持清洁干燥。

第三，病牛隔离治疗。牛舍用 5％漂白粉混悬液或 10％石灰水消毒。表层土壤铲除更新，勤换垫草。

【治　疗】

第一，彻底清除患部脓汁及坏死组织。腐蹄病可用 10％～20％硫酸铜溶液或 5％甲醛溶液冲洗，再撒以磺胺粉。对"白喉"病牛，应先除去伪膜，再用 1％高锰酸钾溶液冲洗，并涂以碘甘油。

第二，病情严重的病牛，除对症治疗外，可用抗生素或磺胺类药物进行全身性治疗。

十二、牛巴氏杆菌病

牛巴氏杆菌病又称牛出血性败血症，是牛的一种急性、热性传染病。以发生高热、肺炎和内脏广泛出血为特征。

【病　原】　本病病原为多杀性巴氏杆菌。是一种细小的球杆菌，不能运动，无鞭毛，不形成芽胞，革兰氏染色阴性。美蓝或姬姆萨氏染色，可见菌体两端浓染，中间着色浅，故又称两极杆菌。本菌对物理或化学因素的抵抗力较弱，普通消毒药常用浓度对本菌都有良好的消毒力。

【流行病学】　本菌存在于病牛全身各组织、体液、分泌物及排泄物里，健康牛的上呼吸道也可能带菌。

本病主要通过消化道、呼吸道感染，也可经外伤和昆虫的叮咬引起感染。本病的发生一般无明显的季节性，但冷热交替、天气剧变、闷热、潮湿、多雨的时期发生较多。一般为散发，有时呈地方流行性。

【症　状】　本病潜伏期 2～5 天，根据临床症状可分为败血型、肺炎型和水肿型 3 种。

1. 败血型　病初体温升高达 41℃～42℃,精神沉郁,食欲废绝,呼吸困难,黏膜发绀,泌乳及反刍停止。鼻镜干燥,继而腹痛腹泻,粪便恶臭并混有黏膜片及血液,有时鼻孔内、尿中有血。腹泻开始后,体温随之下降,迅速死亡。病程多为 12～24 小时。

2. 肺炎型　此型最常见。病牛表现为纤维素性胸膜肺炎症状。除全身症状外,伴有痛性干咳,流浆液性以至脓性鼻液。胸区压痛,叩诊一侧或两侧有浊音区;听诊有支气管呼吸音和啰音。严重时,呼吸高度困难,头颈前伸,张口伸舌,病牛常迅速死于窒息。2 岁以内的小牛,常严重腹泻并混有血液。病程一般为 1 周左右,有的病牛转变为慢性。

3. 水肿型　病牛前胸和头颈部水肿,严重者波及下腹部。肿胀部初坚硬而热痛,后变冷疼痛减轻。舌咽高度肿胀,呼吸困难,眼红肿、流泪。病牛常因窒息死亡,也可出现腹泻,病程为 2～3 天。

【病　变】　败血型呈现败血症变化,黏膜和内脏表面有广泛点状出血。淋巴结肿胀多汁,有弥漫性出血。胃肠黏膜发生急性卡他性炎症;水肿型于肿胀部皮下结缔组织呈现胶样浸润,切开即流出多量黄色透明液体。淋巴结、肝、肾和心脏等实质器官发生变性;肺炎型肺部有不同程度的肝变区,内有干酪样坏死,切面呈大理石状。胸腔中有大量浆液性纤维素性渗出液,心包呈纤维素性心包炎,心包与胸膜粘连。胸部淋巴结肿大,切面呈暗红色,散布有出血点。

【诊　断】　根据流行特点、临床症状和剖检变化,可做出初步诊断。但确诊必须进行细菌学检查。由病变部采取组织和渗出液涂片,用美蓝或姬姆萨氏染色后镜检,如从各种病料的涂片中均见到两端浓染的椭圆形小杆菌,即可确诊。也可进行细菌分离鉴定。

【预　防】

第一，平时应加强饲养管理和清洁卫生，消除疾病诱因，增强抗病能力。

第二，对病牛和疑似病牛，应严格隔离。对污染的圈舍、场地和用具用5％漂白粉混悬液或10％石灰乳消毒。粪便和垫草进行堆积发酵处理。

第三，发过病的地区，每年接种牛出血性败血症氢氧化铝菌苗1次，体重200千克以上的牛6毫升，小牛4毫升，经皮下或肌内注射，均有较好的效果。

【治　疗】

第一，早期应用抗出血性败血症血清有较好的效果。皮下注射100～200毫升，每日1次，连用2～3天。

第二，对急性病牛，可用大剂量四环素，每千克体重50～100毫克，溶于葡萄糖生理盐水，制成0.5％的注射液静脉注射，每天2次，效果很好。也可用其他抗菌药物。

十三、犊牛大肠杆菌病

犊牛大肠杆菌病是由致病性大肠杆菌引起的一种急性传染病。其临床特征是排灰白色稀便（故又称犊牛白痢）或呈急性败血症症状。

【病　原】　由多种血清型的病原性大肠杆菌所引起。致病性菌株一般能产生1种内毒素和1～2种肠毒素。本病菌是两端钝圆的中等大小的杆菌，无芽胞，有鞭毛，能运动。一般不形成荚膜，革兰氏染色阴性，为兼性厌氧菌。本病菌对外界环境抵抗力不强，50℃加热30分钟，60℃15分钟即死亡；一般常用消毒药均易将其杀死。

【流行病学】　本病多见于7～10天的犊牛。主要感染途径是消化道，也可经子宫内或脐带感染。在冬、春舍饲期发病较多。营养不良,饲料中缺乏足够的维生素,蛋白质,乳房不洁,幼犊生后未食初乳或哺乳不及时等亦可促使本病的发生或使病情加重。呈散发或地方流行性,放牧季节少见。

【症　状】　本病潜伏期很短。在临床上可分为以下 3 型。

1. 败血型　呈急性败血症经过。病犊表现发热,体温升高达 40℃,精神沉郁,食欲废绝,腹泻,粪便呈黄色或灰白色,混有未消化的凝乳块、血丝和气泡,恶臭。常于出现症状后数小时至 1 天内死亡。有时未见明显症状即突然死亡。可从血液和内脏中分离到致病性大肠杆菌。病死率可达 80%～100%。

2. 肠毒血症型　此型较多见,常突然死亡。如病程稍长,则可见到典型的中毒性神经症状,先兴奋不安,后变沉郁、昏迷而死亡。死前多有腹泻症状。由于特异血清型的大肠杆菌增殖产生毒素吸收后引起,没有菌血症。

3. 肠型　病初体温升高达 40℃,食欲减退,喜躺卧。开始腹泻后,体温降至正常。粪便初如粥样,黄色,后呈水样,灰白色,混有未消化的凝乳块、凝血及泡沫,有酸臭气味。病后期肛门失禁。腹痛,常用后肢踢腹。病程长的可出现肺炎及关节炎症状。治疗及时一般可治愈,但发育迟滞。

【病　变】　剖检败血型和肠毒血症型死亡的病犊,常无明显的病理变化。肠炎型死亡的病犊,可见胃黏膜充血、水肿、覆有胶状黏液,皱褶部有出血。小肠黏膜充血、出血,部分黏膜上皮脱落。肠内容物混有血液和气泡,恶臭。肠系膜淋巴结肿大,肝脏和肾脏苍白,有时有出血点,胆囊内充满黏稠暗绿色胆汁。心内膜有出血点。病程长的病例有肺炎及关节炎病变。

【诊　断】　根据流行病学、临床症状和病理变化可做出初步诊断。确诊需进行细菌学检查。

【预　防】　控制本病重在预防。妊娠母牛应加强产前产后的饲养管理,保持乳房和牛舍清洁,犊牛应及时吸吮初乳,防止各种应激因素的不良影响。另外,让犊牛自由饮用 0.1％～0.3％的高锰酸钾溶液,也可收到较好的预防效果。

【治　疗】

第一,内服高锰酸钾溶液可收到较好效果,每次 4～8 克,配成 0.5％的溶液灌服,每天 2～3 次。

第二,2％硫酸黄连素注射液,150～400 毫克/次肌内注射,每 6 小时 1 次,连用 2 次。

第三,新霉素,每千克体重 4～8 毫克,肌内注射,每天 2～3 次。

同时,进行静脉注射补液,并纠正酸中毒。

十四、犊牛副伤寒

犊牛副伤寒是由沙门氏菌属细菌引起的一种传染病。主要侵害新生幼犊。其特征是表现败血症和胃肠炎的症状,慢性病例还表现肺炎和关节炎症状。可形成地方性流行,有较高死亡率。

【病　原】　病原是肠炎沙门氏菌、鼠伤寒沙门氏菌和都柏林沙门氏菌。该类细菌是一种两端钝圆的小杆菌,不产生芽胞,有鞭毛,能运动,无荚膜。常单个存在,革兰氏染色阴性。菌体对干燥、腐败、日光、盐渍有一定抵抗力。在外界条件下可以生存数周或数月。对于化学消毒剂的抵抗力不强,一般常用消毒剂和消毒方法均能达到消毒目的。

【流行病学】　本病主要侵害 30～40 天的犊牛。病牛和带菌牛是本病的主要传染源。通常由于采食了病牛、带菌牛粪尿污染的饲草、饲料、饮水等,经消化道而感染发病。间有经呼吸道感染的。此外,带菌牛在不良的因素影响下,也可发生内源性传染。犊牛往往呈流行性发生,成年牛呈散发。

【症　状】　潜伏期平均为 1～2 周。根据病程长短可分为急性败血型和慢性型两型。

1. 急性败血型　犊牛发病后表现体温升高,精神委顿,食欲废绝,呼吸加快,不久出现腹泻,排出混有黏液、血液和假膜的恶臭稀便,最后脱水死亡。病程 5～7 天。病程延长时,可能发生关节肿,伴发支气管炎和肺炎,出现咳嗽、气喘。成年牛症状与犊牛相似,多为散发。妊娠母牛多发生流产。

2. 慢性型　多由急性型转变而来。腹泻逐渐减轻或停止,但呼吸困难、咳嗽,从鼻孔排出黏液性分泌物而后变成脓性鼻液。初为支气管炎后发展为肺炎。体温升高,后期发生关节炎,腕关节和跗关节肿大、跛行。病牛极度衰弱,病期一般 1～2 周,长者可达1～2 个月。

【病　变】　剖检急性死亡的犊牛可见胃肠黏膜有出血性炎症变化,全身浆膜、黏膜及心外膜有出血点。淋巴结出血、水肿,肝、脾、肾充血肿大。肝、脾散布有灰色小坏死灶。慢性病例,常见肺、肝、肾发生炎症和坏死结节,有时膝、肘和跗关节有浆液性炎症。

【诊　断】　根据流行特点、临床症状和剖检病变可做出初步诊断。但确诊需进行实验室诊断。在发热期取血和乳,腹泻后取粪便,急性死亡病例取脾和淋巴结等病料,进行沙门氏菌分离培养和鉴定。

【预　防】　主要是加强对犊牛和母牛的饲养管理,保持饲料和饮水清洁卫生,减少诱病因素。发生本病后除隔离治疗病牛外,对其他牛应取其直肠拭子或阴道拭子,进行沙门氏菌检查,及时检出带菌牛,并予以淘汰。死亡牛应深埋或焚毁,同时对牛舍、用具彻底消毒。

十五、牛结核病

结核病是由结核分枝杆菌引起的一种人、畜共患的慢性传染病。其病理特征是多种组织器官形成结核性肉芽肿(结核结节),继而结节中心干酪样坏死或钙化。

【病　原】　病原为结核分枝杆菌。本菌分3型,即牛型、人型及禽型。这3种杆菌都可感染人、家畜、家禽。革兰氏染色阳性,对外界抵抗力较强,耐干燥和湿冷,但不耐热,60℃30分钟即可杀死,100℃沸水中立即死亡。常用消毒药,如5%来苏儿、3%~5%甲醛溶液、70%乙醇、10%漂白粉混悬液等均可杀灭本菌。

【流行病学】　几乎所有的畜禽都可以发生结核,其中以母牛的易感性最高。结核杆菌随鼻汁、唾液、痰液、粪尿和乳汁等排出体外,污染饲料、饮水、空气和周围环境。健康牛通过呼吸道和消化道而感染,犊牛以消化道感染为主。本病多为散发或地方性流行。厩舍拥挤、卫生不良、营养不足可诱使本病发生。

【症　状】　潜伏期长短不一,一般为10~45天,也可长达数月甚至数年。根据侵害部位的不同,本病分为以下几型。

1. 肺结核　病牛病初有短促干咳,随着病程的进展变为湿咳,咳嗽加重、频繁,并有淡黄色黏液或脓性鼻液流出。呼吸次数增加,甚至呼吸困难。病牛食欲下降,日渐消瘦,贫血,产奶减少,体表淋巴结肿大,体温一般正常或稍升高。最后因心力衰竭而死亡。

2. 乳房结核　病牛乳房淋巴结肿大,常在后方乳腺区发生结核。乳房表面呈现大小不等、凹凸不平的硬结,乳房硬肿,产奶量减少,乳汁稀薄,严重者泌乳停止。

3. 淋巴结核　多发生于病牛的体表,可见局部硬肿变形,有时有破溃,形成不易愈合的溃疡。常见于肩前、股前、腹股沟、颌下、咽及颈淋巴结等。

4. 肠结核　多见于犊牛,表现消化不良,食欲不振,腹泻与便秘交替。继而发展为顽固性腹泻,迅速消瘦。当波及肝、肠系膜淋巴结等腹腔器官组织时,直肠检查可以辨认。

【病　变】　结核的典型病变是在相应的组织器官,特别是在肺脏形成特异的结节。结节由小米粒大至鸡蛋大,灰白色或黄白色,坚实,切面呈干酪样坏死或钙化。有时形成肺空洞。胸腔和腹腔浆膜上形成一些粟粒至豌豆大的半透明或不透明灰白色较硬的结节,形似珍珠状,又称珍珠病。胃肠道黏膜可能有大小不等的结核结节或溃疡。肠系膜淋巴结干酪化。乳房结核,在病灶内含干酪样物质。

【诊　断】　在牛群中有发生进行性消瘦、咳嗽、肺部听诊异常、慢性乳房炎、顽固性腹泻、体表淋巴节慢性肿胀等症状的牛,可作为初步诊断的依据。但在不同情况下,须结合流行病学、临床症状、病理变化、结核菌素试验,以及细菌学试验和血清学试验等综合诊断较为切实可靠。

【预　防】　预防本病主要采取检疫、隔离、消毒和淘汰阳性牛等综合性防疫措施。

第一,健康牛群每年春、秋两季用结核菌素结合临诊检查进行检疫,发现病牛按污染群对待。

第二,污染牛群要进行反复多次的检疫,淘汰阳性反应牛。如阳性反应牛数量大,可集中隔离饲养,用以培育健康牛犊。

第三,加强消毒工作,每年进行 $2\sim4$ 次预防性消毒。饲养用具每月消毒 1 次。消毒药可用 20% 石灰水、10% 漂白粉、3% 甲醛或 $3\%\sim5\%$ 来苏儿溶液。

第四,结核病人不得饲养、管理牛群。

【治　疗】　结核病一般不予治疗,因治疗费用大,故以淘汰病牛为宜。

十六、牛布氏杆菌病

布氏杆菌病是由布鲁氏杆菌引起的人、畜共患传染病。其特征是生殖器官和胎膜发炎,引起流产、不育和各种组织的局部病灶。

【病　原】　本病的病原为布鲁氏杆菌。本病菌是一种微小、近似球状的杆菌,形态不规则,不形成芽胞、无荚膜、革兰氏染色阴性,为需氧兼性厌氧菌。本病菌对热抵抗力不强,60℃30分钟即可杀死,但对干燥抵抗力较强,在干燥土壤中,可生存2个月以上。在毛、皮中可生存3～4个月。对日光照射以及一般消毒剂的抵抗力不强。本病菌有很强的侵袭力,不仅能从损伤的黏膜、皮肤侵入机体,也可从正常的皮肤黏膜侵入机体。

【流行病学】 牛对本病的易感性,随着性器官的成熟而增加。病牛是主要的传染源。特别是受感染的妊娠母牛,它们在流产或分娩时将大量布鲁氏菌随着胎儿、胎水和胎衣排出,流产后的阴道分泌物以及乳汁中都含有布鲁氏菌。本病的主要传播途径是消化道,即通过污染的饲料与饮水而感染。另外,也可通过直接接触传染,如接触了污染的用具,或者与病牛交配,皮肤或黏膜的直接接触感染。本病常呈地方性流行。新发病牛群,流产可发生于不同的胎次;在常发牛群,流产多发生于初次妊娠牛。

【症　状】 母牛除流产外,其他症状不明显。流产多发生在妊娠后6～8个月,产出死胎或弱胎。流产前数日,一般有分娩预兆。流产后多伴发胎衣不下或子宫内膜炎。流产后阴道内继续排出褐色恶臭液体。公牛发生睾丸炎或附睾炎,并失去配种能力。有的病牛发生关节炎、滑液囊炎、淋巴结炎或脓肿。

【病　变】 胎盘呈淡黄色胶样浸润,表面覆有糠麸样絮状物和脓汁。胎儿胃内有黏液性絮状物,胸腔积液,淋巴结和脾脏肿大,有坏死灶。

【诊　断】 根据流行特点、临床症状和剖检病变,不易确诊,必须通过实验室诊断才能确诊。布氏杆菌病的实验室检查方法很多,可根据具体情况选用。对流产病例可进行细菌学检查,对泌乳牛可做全乳环状反应,对其他牛和牛群检疫则常用凝集反应。

【预　防】 从未发生过布氏杆菌病的地区,不得从疫区买牛,不得到疫区放牧;必须买牛时,一定要隔离观察30天以上,并用凝集反应等方法做 2 次检疫,确认健康后方可合群。发生布氏杆菌病后,如牛群头数不多,以全群淘汰为好;如牛群很大,可通过检疫淘汰病牛,或者将病母牛严格隔离饲养,暂时利用它们培育健康犊牛,其余牛坚持每年定期预防注射。接种过菌苗的牛,不再进行检疫。流产胎儿、胎衣、羊水和阴道分泌物应深埋,被污染的场所及用具用 3%～5% 的来苏儿溶液消毒。同时,要确实做好个人防护,如带好手套、口罩,工作服经常消毒等。

【治　疗】　对一般病牛应淘汰,无治疗价值。对价格较昂贵的种牛可在隔离条件下进行治疗。

十七、李氏杆菌病

李氏杆菌病是一种散发性传染病,病牛主要表现脑膜脑炎、败血症和妊娠母牛流产。

【病　原】　本病的病原为李氏杆菌,革兰氏染色阳性。本菌抵抗力不强,煮沸 10～15 分钟死亡,对食盐耐受性强,在含 10% 食盐的培养基中能生长。在干燥的粪便和土壤中能长期存活,对青霉素有抵抗力,但对链霉素、四环素和磺胺类药物敏感。一般消毒药都易使之灭活。

【流行病学】　犊牛的易感性比成年牛高。病牛和带菌牛是本病的传染源。传染途径还不完全了解。自然感染可能是通过消化道、呼吸道、眼结膜以及皮肤破伤。饲料和水可能是主要的传播媒介。本病多为散发,发病率不高,但病死率很高。主要发生在寒冷季节。

【症　状】　自然感染的潜伏期为 2～3 周,有的可能只有数天,也有长达 2 个月的。

病初体温升高为 1℃～2℃,不久降至常温。原发性败血症主要见于幼犊,表现精神沉郁、呆立、流涎、流鼻液、流泪,咀嚼吞咽迟缓。脑膜炎多发于成年牛,主要表现头颈一侧性麻痹,弯向对侧,该侧耳下垂,眼半闭,以至视力丧失。沿头的方向旋转或做圆圈运动,遇障碍物,则以头抵靠而不动。有时吞咽肌麻痹而大量流涎。最后卧地不起,强行翻身,又迅速翻转过来,最后死亡。妊娠母牛常流产,但不伴发脑症状。幼犊常伴发败血症,血液单核细胞明显增多。病牛绝大多数迅速死亡。死前可能发生腹泻。

【病　变】　剖检一般缺少肉眼可见的特殊变化。有神经症状的病牛,脑膜和脑可能有充血、炎症或水肿的变化,脑脊液增加,稍浑浊,含很多细胞,脑干变软,有小脓灶。血管周围有以单核细胞为主的细胞浸润,肝脏可能有小炎灶和小坏死灶。败血症的病牛,有败血症变化,肝脏有坏死。流产的母牛,可见子宫内膜充血以至广泛坏死,胎盘子叶常见有出血和坏死。

【诊　断】　病牛如表现特殊神经症状、母牛流产、血液中单核细胞增多,可疑为本病。确诊必须进行实验室诊断。从脑干和胎儿胃内容物采取病料涂片,用革兰氏染色镜检,如发现散在的、两个细菌排列成"V"形或并列的紫红色(革兰氏阳性)的小杆菌,即可作为诊断的依据。

【预　防】

第一,平时做好兽医卫生防疫和饲养管理工作,消灭鼠类及吸血昆虫。

第二,发现病牛立即隔离,彻底消毒牛舍、用具及周围环境。

第三,本病可传染给人,因此病牛肉须无害化处理或销毁。护理和剖检病牛或接触病料时,要注意采取保护措施,以防感染。

【治　疗】　目前尚无特效疗法,早期大剂量应用抗生素并配合对症治疗,有一定疗效。

十八、牛传染性角膜结膜炎

传染性角膜结膜炎又名红眼病,是牛的一种急性接触性传染病。其特征为眼结膜和角膜发生明显的炎症变化,伴有大量流泪。

其后发生角膜混浊或呈乳白色。

【病　原】　牛传染性角膜结膜炎是一种多病原的疾病。已经报道的病原有：牛摩勒氏杆菌（又名牛嗜血杆菌）、立克次氏体、支原体、衣原体和某些病毒。主要病原为牛摩勒氏杆菌。

【流行病学】　各种年龄的牛均可感染，但犊牛比成年牛更易感。同种动物可以通过头部相互摩擦而传播，蝇类和飞蛾可机械地传播本病。引进病牛或带菌牛，是牛群暴发本病的一个常见原因。本病主要发生于天气炎热和湿度较高的夏秋季节。一旦发病，传播迅速，多呈地方流行性或流行性。青年牛群的发病率可高达 60%～90%。

【症　状】　潜伏期一般为 2～7 天。初期患眼畏光、流泪、眼睑肿胀、疼痛，其后角膜凸起，角膜周围血管充血，结膜和瞬膜红肿，角膜上出现白色或灰色小点。严重者角膜增厚，并发生溃疡，形成角膜瘢痕或角膜云翳。有时发生眼前房蓄脓或角膜破裂，晶状体脱落。多数病牛初期一侧眼患病，后为双眼感染。病程一般为 20～30 天。病牛一般无全身症状，眼球化脓时，可伴有体温升高、食欲减退、精神沉郁和乳量减少等症状。多数病牛可自然痊愈，但往往招致角膜云翳、角膜白斑和失明。

【诊　断】　根据眼的临床症状，以及传播迅速和发病的季节性，不难对本病做出诊断。必要时可做微生物学检查或应用沉淀反应试验、凝集反应试验、间接血凝反应试验、补体结合反应试验及荧光抗体技术以资确诊。

【预　防】　在夏秋季节需注意灭蝇，并避免强烈阳光刺激，以控制本病的传播。

【治　疗】　病牛立即隔离，治疗可用 2%～4% 硼酸水洗眼，拭干后滴入 3%～5% 的弱蛋白银溶液，每日 2～3 次。也可滴入青霉素溶液（每升含 5 000 单位）或涂四环素眼膏。如有角膜混浊或角膜云翳时，用含可的松的抗生素眼膏治疗，效果较好。

十九、牛放线菌病

放线菌病又称大颌病,是多种动物和人的一种多菌性的非接触性慢性传染病。病的特征为头、颈、颌下和舌的放线菌肿。

【病　原】　本病的病原为牛放线菌和林氏放线菌。牛放线菌主要侵害骨骼等硬组织,革兰氏染色阳性,较细长。林氏放线菌为革兰氏阴性菌,短杆状,常侵害软组织,是牛放线菌病的主要病原体。两者在患病组织及脓汁中形成肉眼可见的黄色颗粒,在压片标本中呈放线状排列,故称为放线菌。此外,化脓杆菌和金黄色葡萄球菌常参与牛乳房放线菌病。本菌抵抗力比较强,在干燥环境中可存活 6 年,日光照射对本菌无作用。经 75℃～80℃加热 5 分钟、0.1％升汞溶液 5 分钟,均可将其杀死。

【流行病学】　本病主要侵害牛,特别是 2～5 岁的牛。本病的病原体主要存在于污染的土壤、饲料和饮水中,健康牛的口腔及上呼吸道内也有本菌存在,当口腔及皮肤损伤时而感染。一般呈散发。

【症　状】　上、下颌骨肿大,界限明显,初期疼痛,后无痛觉。病牛呼吸、吞咽和咀嚼均感困难,很快消瘦。肿胀部皮肤化脓破溃后,流出脓汁,形成瘘管,经久不愈。头颈、颌间软组织被侵害时,发生不热不痛的硬肿。舌和咽喉被侵害时,组织变硬,舌活动困难,称"木舌症",病牛流涎,咀嚼困难。乳房患病时,呈弥漫性肿大或有局限性硬结,乳汁黏稠,混有脓汁。

【诊　断】　放线菌病的临诊症状和病变比较特殊,不易与其他传染病混淆,故诊断不难。必要时可取少量脓汁,用水稀释,找出硫磺样颗粒,在水内洗净,置载玻片上加一滴 15％氢氧化钾溶液,覆以盖玻片用力挤压,置显微镜下检查。放线菌的菌块较大,压平后呈菊花状,菌丝末端膨大,呈放射状排列,革兰氏染色阳性。林氏放线菌菌块很小,放射状排列不明显,革兰氏染色阴性。

【预　防】　防止皮肤、黏膜发生外伤,有伤口及时处理。

【治　疗】　骨放线菌病由于骨质的改变,既不能截除,又不能自然吸收,往往转归不良。软组织放线菌病经过较长时间的治疗,比较容易治愈。硬结较大时,可用外科手术切除,若有瘘管形成,要连同瘘管一同切除。创腔用碘酊纱布填塞,24～48 小时更换 1次。伤口周围注射 10%碘仿醚注射液或 2%鲁戈氏液。同时内服碘化钾,连用 2～4 周。重症病牛可静脉注射 10%碘化钠注射液,隔日 1 次。在用药过程中如出现碘中毒现象(黏膜、皮肤发疹,流泪,脱毛,消瘦和食欲缺乏等)应暂停用药 5～6 天。此外,链霉素与碘化钾同时应用,对软组织放线菌肿和木舌症效果明显。

二十、牛钩端螺旋体病

钩端螺旋体病是一种重要的人畜共患病。临诊表现形式多样,主要有发热、黄疸、血红蛋白尿、出血性素质、流产、皮肤和黏膜坏死、水肿等。

【病　原】　本病病原为致病性钩端螺旋体。钩体细长圆形,呈螺旋状,一端或两端弯曲呈钩状。无鞭毛,但运动活泼。革兰氏染色阴性,但常不易着色,常用姬姆萨氏染色和镀银法染色。病原对外界环境的抵抗力不强,一般消毒药均能将其杀死。对阳光、热的抵抗力不强,但低温条件下可保持毒力数年。

【流行病学】　鼠类和带菌动物是本病的主要传染源。主要通过皮肤、黏膜和消化道传染,也可通过交配、人工授精和菌血症期间通过吸血昆虫传播。呈散发或地方流行性。夏、秋季多见。

【症　状】　急性型常为突然高热,黏膜发黄,尿色很暗,有大量白蛋白、血红蛋白和胆色素。常见皮肤干裂、坏死和溃疡。常于发病后 3～7 天内死亡。病死率较高。

亚急性型常见于奶牛,体温有不同程度升高,食欲减少,黏膜黄染,奶量显著下降或停止,乳汁浓稠、黄色并混有血液。病牛很少死亡。

此外,牛钩端螺旋体病的重要症状之一是妊娠母牛发生流产。

【病　变】　肾脏表面有多数散在的灰白色小病灶,肝肿大有坏死灶。淋巴结肿大有出血点。皮肤有干裂坏死性病灶,口腔黏膜有溃疡,黏膜及皮下组织黄染,内脏广泛发生出血。

【诊　断】　本病仅靠临床症状和病理剖检难于确诊,只有结合微生物学和免疫学诊断进行综合性分析才能确诊。

【预　防】

第一,消除传染源,及时清理被污染的水源、饲草、饲料、场舍、用具等媒介物,做好灭鼠工作。

第二,用钩端螺旋体病多价苗定期进行预防接种。

第三,加强饲养管理,提高牛的抵抗力。

第四,发现病牛立即隔离治疗,并彻底消毒被污染的环境、用具等。

第二节　牛的寄生虫病

一、牛绦虫病

牛绦虫病是由莫尼茨绦虫、曲子宫绦虫和无卵黄腺绦虫寄生在牛的小肠中所引起的一种危害严重的寄生虫病。其特征是腹泻,粪便中混有成熟的绦虫节片。常呈地方性流行。

【虫体特征及生活史】　本病的病原寄生虫主要是莫尼茨绦虫,其特征是乳白色带状,由头节、颈节和许多体节组成长带状,最长可达5米。成熟体节(内含大量虫卵)及虫卵随粪便排到外界,被中间宿主地螨吞食,在其体内经过1个月左右时间发育成具有感染力的似囊尾蚴,牛吞食这样的地螨,似囊尾蚴即在宿主肠管中翻出头节,吸附在肠黏膜上发育成成虫而致病。

【症　状】　本病主要侵害 1.5～8 个月的犊牛,成年牛由于抵抗力增强,症状不明显。病牛精神不振,食欲减退,渴欲增加,腹泻,粪便中混有成熟的绦虫节片,发育不良,贫血,迅速消瘦,严重者出现痉挛或回旋运动,最后死亡。

【诊　断】　本病的症状不典型,只能作为参考。实验室诊断可用饱和盐水漂浮法检查粪便中虫卵。莫尼茨绦虫卵近似四角或三角形,无色、半透明,卵内有梨形器,梨形器内有六钩蚴;用清水洗粪便,有时可找出节片。也可根据临床症状进行诊断性驱虫。

【预　防】

第一,消灭病原,即每年放牧季节前对牛进行 1 次预防性驱虫,特别是犊牛一定要进行驱虫。有条件的可于放牧后的 30 天、60 天各进行 1 次。

第二,根据中间宿主——地螨怕强光,怕干旱,喜湿的生态特性,要避免在低洼潮湿草地放牧。

第三,提倡圈养牛,放牧要实行划区轮牧。

第四,粪便须经生物发酵后利用。

【治　疗】

第一,硫双二氯酚,每千克体重 30～50 毫克,配成悬浮液,1 次口服。

第二,氯硝柳胺(灭绦灵),每千克体重 50 毫克,配成悬浮液,1 次口服。

第三,吡喹酮,每千克体重 50 毫克,1 次口服。

第四,丙硫苯咪唑,每千克体重 10～20 毫克,1 次口服。

第五,苯硫咪唑,每千克体重 5 毫克,配成悬浮液灌服。

第六,1‰硫酸铜溶液,犊牛每千克体重 2～3 毫克,用药后给予泻剂硫酸钠,可加速绦虫的排出。

二、牛囊尾蚴病

牛囊尾蚴病又称牛囊虫病,是由牛带吻绦虫(无钩绦虫)的幼虫——牛囊尾蚴寄生牛的舌肌、咬肌、颈部肌肉、肋间肌肉和心肌等处所引起的人畜共患寄生虫病。

【虫体特征及生活史】 带吻绦虫(无钩绦虫)呈乳白色带状,虫体由1 000个左右的节片组成。头节上有4个吸盘,无顶突和钩,其成熟节片内生殖器官的排列基本上与有钩绦虫相似。

牛囊尾蚴呈黄豆粒大,里面充满半透明囊液,囊壁有一高粱米粒大的头节,其形态同成虫。人是带吻绦虫的惟一终末宿主,中间宿主为牛。孕卵节片或卵随人的粪便排出体外,牛吞食了被虫卵污染的饲料和饮水后,虫卵或孕节进入消化道,释放出六钩蚴,六钩蚴进入血液,随血流到达寄生的肌肉组织中,经3～6个月发育成囊尾蚴。

【症 状】 本病无明显的临床症状,有时呈现一时性高热,腹泻,食欲不振,不久症状自行消失。

剖检可见舌肌、咬肌、肋间肌甚至心肌处有囊尾蚴。

【诊 断】 牛囊尾蚴病的生前诊断困难,主要是宰杀后剖检病变,发现囊尾蚴,可做出诊断。

【预 防】

第一,加强牛肉检疫,在牛肉中发现牛囊尾蚴后,应严格按国家有关规定处理肉尸。

第二,搞好人体驱虫,积极治疗绦虫病人。驱出的绦虫要深埋,防止病原扩散。

第三,注意公共卫生,对人的粪便进行无害化处理。

三、牛细颈囊尾蚴病

牛细颈囊尾蚴病俗称"水铃铛",是由水泡带绦虫的幼虫——

细颈囊尾蚴寄生于牛的肝脏、网膜和肠系膜等处引起的寄生虫病。

【虫体特征及生活史】　水泡带绦虫的蚴虫——细颈囊尾蚴，囊泡似鸡蛋大小，头节所在处呈乳白色。成虫在犬小肠中寄生。孕卵节片随粪便排出，牛吞食虫卵后，释放出六钩蚴，六钩蚴随血流到达肠系膜和网膜、肝脏等处，发育为细颈囊尾蚴。

【症　状】　细颈囊尾蚴寄生少时一般无症状，当有大量虫体寄生时可引起消瘦、衰弱等症状。

【诊　断】　临床症状不典型，只能作为参考，要确诊必须用饱和盐水漂浮法做虫卵检查。

【预　防】　防止犬感染水泡带绦虫，不要用带有细颈囊尾蚴的脏器喂犬。消灭野犬，定期给家犬驱虫。

【治　疗】

第一，吡喹酮，每千克体重 100 毫克，1 次口服。

第二，丙硫苯咪唑，每千克体重 10～20 毫克，1 次口服。

四、多头蚴病

多头蚴病俗称"脑包虫病"，是由寄生于犬、狼和狐狸的多头绦虫的幼虫——多头蚴寄生于牛的脑部所引起的一种绦虫蚴病。

【虫体特征及生活史】　多头蚴呈囊泡状，囊内充满透明的液体。外层为角质膜，囊的内膜上生出许多头节（为 100～250 个），囊泡由豌豆大到鸡蛋大不等。

多头蚴虫的孕卵节片随犬的粪便排到外界环境中，被牛吞食，虫卵的卵膜在消化道被溶解，六钩蚴逸出，并钻入肠黏膜的毛细血管内，而后随血流被带到脑内，继续发育成囊泡状的多头蚴。犬吞食了含有多头蚴的牛脑而感染多头绦虫。

【症　状】　六钩蚴在脑内移行时，引起机械刺激和损伤，病牛呈现类似脑炎或脑膜炎症状，严重感染的常在此时期死亡。本病的临床症状轻重与六钩蚴寄生的数目和部位有关。虫体常寄生于某一侧脑半球的颞叶表面,病牛将头侧向患侧,并向患侧做圆圈运动,而对侧的眼常失明;虫体寄生在小脑时,病牛表现感觉过敏,容易惊恐,行走时出现急促步样或蹒跚步态,以后逐渐严重而衰竭卧地,视觉障碍、磨牙、流涎、痉挛;虫体寄生在腰部脊髓时,引起渐进性后躯麻痹,病牛食欲废绝,离群,最后高度消瘦;虫体寄生在脑表面时,颅骨萎缩甚至穿孔,触诊时容易发现,压迫患部有疼痛感。

剖检在脑的不同部位可见有1个或数个多头蚴的囊泡,常局限于脑半球的表面,病灶周围有明显的炎症变化,靠近多头蚴的脑实质中有坏死过程。有时可见到多头蚴死亡而萎缩变性。

【诊 断】 根据多头蚴的特异症状可做出初步诊断。并用变态反应、血液检查、眼底检查及头部触诊等方法进行综合诊断。

【预 防】

第一,不让犬吃到病死牛的脑和脊髓,病牛的头颅和脊柱予以烧毁,防止犬感染多头绦虫。

第二,对犬每年应有计划地进行驱虫,驱虫后的粪便进行堆积发酵处理或深埋。

第三,被病犬污染的牧草,不能放牧牛。

【治 疗】

第一,吡喹酮,每千克体重100毫克,1次口服。

第二,丙硫苯咪唑,每千克体重10～20毫克,1次口服。

五、牛棘球蚴病

牛棘球蚴病也叫包虫病,是由细粒棘球绦虫的中绦期幼虫——棘球蚴引起的一种人畜共患寄生虫病。

【虫体特征及生活史】 棘球蚴为无色透明的囊泡,其大小不一,由许多连续的小囊泡组成,外面包有一层厚的结缔组织膜。

成虫的孕卵节片和虫卵随犬的粪便排到外界,污染牧场、牛舍、饲草、土壤。虫卵被牛吞食后,孵化出的六钩蚴在消化道逸出,钻入肠壁血管,随血液循环到达肝、肺、肾等器官,逐渐发育为棘球蚴。当含有棘球蚴的脏器被犬吞食后,囊内的每个原头蚴均可发育为1条成虫。

【症　状】　棘球蚴多寄生在牛的肝脏和肺脏。肺部严重感染时,病牛可出现呼吸困难、咳嗽等肺炎症状。叩诊发现局限性半浊音区,听诊肺泡音减弱或消失;肝脏受侵害时,腹部右侧膨大,营养失调,常发生臌气,触诊时有疼痛感,叩诊肝浊音区扩大。

【诊　断】　根据临床症状不能确诊,应采用新鲜棘球蚴囊液为抗原做变态反应试验,结合诊断性驱虫可确诊。病理剖检在肝脏、肺脏等实质器官内发现棘球蚴时可确诊。

【预　防】

第一,必须采取综合性防治措施,严禁用患病动物器官喂犬,并扑杀野犬。对犬进行定期驱虫。

第二,病牛脏器必须煮熟后方可作饲料用。

第三,保持牛舍卫生,防止犬粪污染。

【治　疗】

第一,氯硝柳胺,每千克体重50毫克,配成悬浮液,1次口服。

第二,氢溴槟榔碱,每千克体重2毫克,内服。

六、肝片吸虫病

肝片吸虫病也叫肝蛭病,是由肝片吸虫寄生于牛的肝脏和胆管内而引起的寄生虫病。其特征是病牛发生急性或慢性肝炎和胆管炎。

【虫体特征及生活史】　肝片吸虫新鲜虫体呈棕红色,柳叶状,虫体前端有三角形锥突。口吸盘位于虫体顶端,腹吸盘在肩的水平线上。肝片吸虫雌雄同体。成虫在胆管中产卵,虫卵随胆汁进入肠管与粪便一起排出体外。在水中孵出毛蚴,毛蚴钻进中间宿主椎实螺体内发育成许多尾蚴,尾蚴离开螺体,吸附在水草上,然后脱去尾部,形成囊蚴,牛在吃草或饮水时吞食了囊蚴而受感染。在消化液的作用下,幼虫破囊而出,经十二指肠胆管开口进入肝胆管,或经血流到达肝胆管,也可经腹腔直接进入肝胆管。在肝胆管中经3～4个月发育成熟,成虫在体内可存活3～5天。

本病的发生具有地区性,在低洼潮湿草场上放牧的牛群多发,夏季为主要感染季节。干旱年份流行轻,多雨年份流行重。

【症　状】　本病的临床症状主要取决于感染程度、牛的营养状况、年龄及感染后的饲养管理条件等。一般分为急性型和慢性型两种。

1. 急性型　犊牛多见,体温升高,精神沉郁,食欲减退,黄疸,迅速贫血和出现神经症状等。一般3～5天死亡。

2. 慢性型　最为常见。病牛精神沉郁,食欲不振,逐渐消瘦,瘤胃蠕动减弱,反复出现前胃弛缓。营养障碍,贫血,颌下、胸前和腹下水肿,腹泻。严重感染时,产奶量下降,妊娠母牛往往发生流产。终因恶病质而死亡。

剖检可见肝脏肿大而坚硬,胆管高度扩张,管壁显著增厚、粗糙,切开流出污秽的棕绿色液体和大量成虫。肺部有钙化的硬结节,内含暗褐色半透明状物质和虫体。

【诊　断】　根据本病的临床症状、流行特点、剖检病变并结合实验室诊断可确诊。实验室检查常采用反复水洗沉淀法,在粪便沉渣中发现黄褐色的大型虫卵即可确诊。

【预　防】　在干燥的草场上放牧,避免到低洼潮湿的牧地放牧和饮水,以减少感染机会;消灭中间宿主椎实螺;粪便堆积发酵后利用。

【治　疗】

第一,三氯苯唑(肝蛭净),每千克体重10～15毫克,1次口服。

第二,碘醚柳胺,每千克体重10毫克,1次口服,对成虫及幼虫都有很好的疗效。

第三,硝氯酚,为治疗肝片吸虫病的特效药之一,每千克体重3～4毫克,拌入饲料中口服。针剂按每千克体重0.5～1毫克,深部肌内注射。

七、胰阔盘吸虫病

胰阔盘吸虫病也叫胰吸虫病,是由胰阔盘吸虫引起的一种吸虫病。

【虫体特征及生活史】 胰阔盘吸虫呈长椭圆形,西瓜籽样,新鲜虫体鲜红色,位于体前端的吸盘比较发达,故名阔盘吸虫。生活史需要经过成虫、虫卵、毛蚴、胞蚴、尾蚴和囊蚴等阶段。成虫在胰管产卵,虫卵随胰液进入肠道,然后又随粪便排到体外,虫卵被陆地蜗牛吞食,在其体内经毛蚴、母胞蚴发育成子胞蚴。子胞蚴离开蜗牛体被草螽或针蟀吞食,子胞蚴在其体内形成尾蚴,最后发育为具有感染力的囊蚴,牛吞食草螽或针蟀后被感染。囊蚴在牛十二指肠,囊壁崩解,后期尾蚴脱囊而出,并顺胰管开口进入胰脏,再经60天左右发育为成虫。

本病流行具有地区性,多发生在低洼潮湿的山间草场上,因为这些地方适于蜗牛及草螽生存。牛的感染季节为8～9月份,发病季节为翌年2～3月份。

【症　状】 轻症食欲正常,渴欲增加,日趋消瘦,精神不振,严重感染时,食欲减退,出现贫血,颈部和胸部发生水肿,腹泻,最后病牛常因恶病质而死亡。

【诊　断】 用水洗沉淀法检查粪便中的虫卵,但要注意与肝片吸虫卵相区别。前后盘吸虫卵个体大,无色,壳薄,充满卵细胞。剖检时若发现胰腺肿大,胰管呈慢性增生性炎症,管壁厚,胰管内有大量虫体,即可确诊。

【预　防】

第一，加强饲养管理，避免在低洼潮湿的牧场放牧；牛粪集中无害化处理。

第二，定期驱虫，在春初和秋末对牛群进行 2 次驱虫，一般用血防 846，每千克体重 300 毫克，口服，隔日 1 次，3 次为 1 个疗程，效果良好。

八、同盘吸虫病

同盘吸虫病也叫胃吸虫病，是由同盘吸虫寄生于牛的胃内而引起的一种寄生虫病。

【虫体特征及生活史】　本科寄生虫在我国发现有 17 属 25 种，在北方流行广泛的是鹿同盘吸虫。该虫体呈玫瑰色的圆锥状，前、后两吸盘颜色较体部深，固定的标本呈白色。长 5～15 毫米，宽 2～4 毫米，背面稍拱起，腹面略凹陷。口吸盘较小，位于虫体前端，腹吸盘较大位于虫体后端，好像虫体两端有口，所以也叫前后盘吸虫。成虫在牛的瘤胃和网胃内产卵，虫卵随粪便排出体外，在适宜的温度下发育成毛蚴。水中的毛蚴钻入中间宿主小椎实螺体内发育成尾蚴，尾蚴离开虫体，附着在水生植物上形成具有感染力的囊蚴。牛吞食囊蚴后而感染。幼虫在十二指肠、胆管、胆囊、真胃黏膜下等处寄生 3～8 周，移行到瘤胃发育成成虫。

在低洼潮湿地带放牧的牛易患本病，主要发病季节是 7～9 月份。

【症　状】　同盘吸虫以强有力的吸盘紧紧地吸附在牛的瘤胃黏膜上，引起黏膜炎症；在幼虫移行过程中可引起胃、十二指肠黏膜及胆管、胆囊、肝脏等器官的损伤发炎。病牛表现为前胃弛缓、腹泻、消瘦、贫血、水肿等症状。腹泻剧烈时粪便恶臭，带有血液。有的口、鼻黏膜出血、形成溃疡。严重者于发病后 7～10 天死亡。

【诊　断】　病理剖检在瘤胃、网胃、真胃以及小肠和胆管内发现成虫或移行期幼虫,即可确诊。实验室检查常以水洗沉淀法检查粪便中的虫卵,但要注意与肝片吸虫卵相区别。前后盘吸虫卵个体大,无色、壳薄、充满卵细胞。

【预防与治疗】　参见肝片吸虫病。

九、牛捻转胃虫病(血矛线虫病)

牛捻转胃虫病又称血矛线虫病,是由捻转血矛线虫及指形长刺线虫寄生于牛真胃中引起的线虫病。

【虫体特征及生活史】　本病的病原为毛圆科血矛属的捻转血矛线虫及长刺属的指形长刺线虫。捻转血矛线虫呈毛发状,淡红色;指形长刺线虫比捻转血矛线虫大,形态类似。主要寄生于牛的真胃中,少见于小肠。成熟雌虫在真胃中产卵,虫卵随粪便排到外界,在适宜的条件下,1昼夜内孵出幼虫。幼虫在1周左右经2次蜕皮发育为感染性幼虫。牛吞入这样的幼虫即受感染。幼虫进入真胃后经20～30天发育为成虫。

【症　状】　急性病例少见,常见慢性病例,以贫血和消化功能紊乱为主。病牛表现被毛粗乱,消瘦,精神委顿,可视黏膜苍白,颌下、胸腹下水肿,放牧时离群。常出现便秘,粪中带有黏液。出现腹泻的少见,最后多因极度虚弱而死亡。

【诊　断】　根据本病在当地的流行情况,病牛的临床症状及剖检结果(病牛死后可在真胃中发现毛发状线虫)可做出诊断。

【预　防】

第一,每年春、秋两季进行定期驱虫。可选用丙硫苯咪唑、伊维菌素等药物。

第二,加强饲养管理,实行划区轮牧,适时转移牧场,减少感染机会。夏季避免吃露水草,不在低洼草地放牧。

第三,粪便经堆积发酵后利用。

【治　疗】

1. 丙硫咪唑　按每千克体重 5～10 毫克,拌入饲料中喂服;或配成 10％混悬液灌服。

2. 左咪唑　按每千克体重 6 毫克,1 次口服。

3. 伊维菌素(害获灭)　1％注射液,每千克体重 0.02 毫升,1次皮下注射。

十、牛仰口线虫病(钩虫病)

牛仰口线虫病又称钩虫病,是由牛仰口线虫寄生于牛的小肠引起的致病性较强的寄生线虫病。

【虫体特征及生活史】　本病的病原为钩口科仰口属的牛仰口线虫,是中等大小的线虫,乳白色,吸血后呈淡红色。虫体前端稍向背侧弯曲。虫卵较大,呈冬瓜形。成熟雌虫排出的卵在外界适宜条件下发育成幼虫,幼虫经 2 次蜕化,变为感染性幼虫。感染性幼虫可通过两种方式进入宿主体内:一种是经口感染,与捻转血矛线虫相同;另一种是经皮肤感染,即感染性幼虫钻进宿主皮肤,而后随血流到肺,再由肺经气管、咽喉转到小肠,发育生长为成虫。

【症　状】　患牛表现以贫血为主的一系列症状,如黏膜苍白,皮下水肿,消化功能紊乱,腹泻,大便带血。消瘦,营养不良,最后以恶病质而死亡。

【诊　断】　根据病牛消瘦、贫血、腹泻、大便带血等症状可怀疑为本病,但确诊应依靠粪便虫卵检查。用浮集法检查粪便,发现虫卵即可确诊。

【预防与治疗】　可参考牛捻转胃虫病。

十一、牛食管口线虫病(结节虫病)

牛食管口线虫病又称结节虫病,是由毛线科食管口属的几种线虫的幼虫及其成虫寄生于肠壁与肠腔上形成结节而引起的线虫病。

【虫体特征及生活史】　本病的病原为哥伦比亚食管口线虫和辐射食管口线虫。两种线虫的感染性幼虫进入宿主肠道以后,不是在肠道内直接发育为成虫,而是首先钻进肠壁(从幽门到直肠之间的任何部位)形成结节。幼虫在结节内停留 6～8 天,有时 1～3个月,蜕皮,然后返回肠腔,再经 2～3 周生长发育为成虫。从牛吃进感染性幼虫到发育为成虫,大约需 41 天。

【症　状】　病牛初期急性症状是顽固性腹泻,粪便中带黏液、脓汁或血液,弯腰,后肢僵直,有腹痛感。转为慢性时,变为间歇性腹泻,逐渐消瘦,贫血,生长受阻,常因极度衰弱而死亡。

【诊　断】　本病一般要根据症状、当地的流行情况和剖检结果进行综合诊断。

【预防与治疗】　可参考牛捻转胃虫病。

十二、牛球虫病

牛球虫病是由多种球虫引起的一种肠道原虫病。以出血性肠炎为特征,主要发生于犊牛。一般发生于春、夏、秋 3 季,尤其是多雨年份,在低洼潮湿的牧场放牧时易发生。

【虫体特征及生活史】　寄生于牛体的球虫有 14 种之多,其中以邱氏艾美尔球虫和牛艾美尔球虫致病力最强、最为常见。球虫能形成卵囊。艾美尔球虫的卵囊呈圆形、椭圆形或梨形,镜下呈淡灰色、淡黄色或深褐色。卵囊在肠上皮细胞内经过裂体增殖和配子生殖后,脱离肠上皮细胞,随粪便排到外界,经过孢子生殖阶段之后,形成感染性卵囊。健康牛吞食了感染性卵囊而感染发病。

【症　状】　发病多为急性经过,病初精神沉郁,喜卧,食欲减退或废绝,被毛粗乱,粪便稀薄,混有黏液、血液。约 7 天后,体温可升至 40℃～41℃,症状加剧,末期所排粪便几乎全是血液,色黑、恶臭,最后多因极度衰弱而死亡,病程为 10～15 天。耐过牛可转为带虫者。

【诊　断】　采取可疑病牛的粪便,以饱和盐水浮集法集虫,或用直肠黏膜刮取物直接涂片镜检,若发现大量球虫卵囊,即可确诊。

【预　防】

第一,在本病流行期间,用 $3\% \sim 5\%$ 热碱水或 1% 克辽林对地面、牛栏、饲槽等进行消毒,每周 1 次。粪便和垫草必须无害化处理。

第二,成年牛多为带虫者,故与牛犊应分开饲养;犊牛哺乳前,乳房要洗拭干净,哺乳后母牛、犊牛要及时分开。

第三,在饲料和饮水中,添加氨丙啉,每天每千克体重 5 毫克,连用 21 天。

【治　疗】　对病牛选用下列药物。

第一,磺胺二甲嘧啶(SM$_2$),每千克体重 100 毫克,内服,每天 1 次,连用 $3 \sim 7$ 天,配合使用酞酰磺胺噻唑(PST),效果更好。

第二,氨丙啉每日每千克体重 25 毫克,连喂 $4 \sim 5$ 天。

第三,林可霉素每日每头牛 1 克,混入饮水中给予,连喂 21 天。

十三、牛泰勒焦虫病

牛泰勒焦虫病又称牛环形泰勒焦虫病。是由泰勒科的环形泰勒焦虫引起的牛的一种以高热、贫血、出血、消瘦和体表淋巴结肿胀为特征的寄生虫病。本病的流行有明显的季节性,常呈地方流行,$2 \sim 3$ 岁牛发病重且呈急性经过。由白纹璃眼蜱叮咬牛体而引起。

【虫体特征及生活史】　本病的病原为泰勒科的环形泰勒焦虫,寄生在牛的红细胞和淋巴结内。在红细胞内的虫体呈圆形、椭圆形、逗点形,有时呈杆状。寄生在淋巴细胞内的虫体进行裂体增殖形成多核虫体,即裂殖体和石榴体。

【症　状】　本病分为轻型和重型两种。

1. 轻型　病牛症状表现不明显。体温一般不超过 41℃,呈稽留热,3～5 天恢复正常。体表淋巴结轻度肿胀,眼结膜充血,精神沉郁,食欲不振,常有便秘现象。一般转归良好。

2. 重型　病牛体温高达 40.6℃～41.8℃,多呈稽留热。病初病牛表现精神、食欲不佳,心跳、呼吸加快,2～5 天后病情加重,反刍迟缓或停止,食欲消失,产奶量显著下降,体表淋巴结明显肿大。初期便秘,后转为腹泻,粪中带有血丝,尿黄。可视黏膜潮红,后变苍白,红细胞数降至 300 万～200 万。病情严重时,黏膜上有深红色出血斑点,病牛迅速消瘦,拱腰缩腹,常卧地不起,最后因极度衰竭而死亡。

【诊　断】　根据本病的流行特点、临床症状以及结合血液涂片镜检可做出正确的诊断。

【预　防】

第一,加强饲养管理,定期消毒,并注意灭蜱。

第二,在发病季节,用药物预防,每隔 15 天用贝尼尔深部肌内注射,用量为每千克体重 3 毫克。

【治　疗】　对本病要做到早期发现、早期治疗。在杀虫的同时配合输血及对症治疗,可降低死亡率。治疗本病可用下列药物。

第一,贝尼尔每千克体重 3.5～7 毫克,配成 5% 注射液,分点深部肌内注射或皮下注射,每日 1 次,连用 3 天。如无明显好转,隔 2 天后再连用 2 天;对严重病例,可用每千克体重 7 毫克剂量注射。

第二,焦虫散(STP)包括磺胺甲氧吡嗪(SMPZ),每千克体重50～200 毫克;甲氧苄氨嘧啶(TMP),每千克体重 25～200 毫克;磷酸伯胺喹啉(PMQ),每千克体重 0.75～1.5 毫克,三者混合研碎,加水适量,口服,每日 1 次,连用 2 天。

第三,磺胺基苯甲酸钠每千克体重5～10毫克,配成10％注射液,肌内注射,每日1次,连用3～6天。

十四、牛皮蝇蛆病

牛皮蝇蛆病是由牛皮蝇和纹皮蝇的幼虫寄生于牛的皮下组织内所引起的一种慢性寄生虫病。

【**虫体特征及生活史**】　本病的病原为皮蝇科皮蝇属的牛皮蝇和纹皮蝇的幼虫。其成虫不致病,外形似蜜蜂,全身被有绒毛,口器退化不能采食。成熟的幼虫(即第三期幼虫)虫体粗壮,前后端钝圆,棕褐色。虫体后端有2个气门板。

牛皮蝇与纹皮蝇的生活史基本相似,均属完全变态。成蝇一般在夏季晴朗炎热无风的白天出现,飞翔交尾或侵袭牛只产卵。牛皮蝇产卵于牛的四肢上部、腹部、乳房和体侧的被毛上,虫卵淡黄色、长圆形,后端有长柄附着于牛毛上,1根毛上只附着1个虫卵;纹皮蝇产卵于球节、前胸、颈下等处的被毛上,1根毛上可黏附数个至20个成排的虫卵。虫卵经4～7天孵出第一期幼虫。牛皮蝇的第一期幼虫钻入皮下移行,最后发育成第三期幼虫到达背部皮下。纹皮蝇的第一期幼虫钻入皮下移行,在感染后的2.5个月,可在咽头和食管部发现第二期幼虫。第二期幼虫在食管壁停留5个月,最后也移行到牛背部皮下,发育成第三期幼虫。幼虫到达牛背部皮下时,在局部出现瘤状隆起,并出现绿豆大的小孔,幼虫以其气门板朝向小孔。在牛背部皮下,第三期幼虫寄生2～2.5个月。随着生长,幼虫颜色逐渐变成褐色,同时皮肤上小孔的口径也随之增大。成熟后的幼虫经皮孔逸出,落入土中和厩肥内,变成蛹,再经1～2个月,羽化为成蝇。幼虫在牛体内寄生10～11个月,整个发育过程大约1年。

【**症　状**】　雌蝇向牛体产卵时,牛表现高度不安,影响采食,有些牛只奔逃时受外伤或流产。幼虫钻进皮肤和皮下组织移行时,引起牛只瘙痒、疼痛和不安。幼虫移行到背部皮下时,其寄生部位往往发生血肿和蜂窝织炎。感染化脓时,常形成瘘管,经常流出脓液,直到幼虫逸出后,瘘管才逐渐愈合,形成瘢痕,影响皮革质量。病牛长期受侵扰而消瘦、贫血、泌乳量下降、肉质降低,犊牛贫血,发育不良。

【诊　断】　根据本病流行特点、抚摸牛的背部皮下肿胀部位,在皮肤穿孔处找出第三期幼虫或剖检时在食管壁和皮下发现幼虫即可确诊。

【预　防】　在成虫飞翔产卵季节,用 1‰～2‰ 的敌百虫溶液涂擦牛体的产卵部位,每隔 15 天涂擦 1 次;并及时检查牛只,发现虫体立即消灭。

【治　疗】

1. 皮蝇磷　每千克体重 100 毫克,1 次口服。一般成年牛 30～40 克;育成牛 20～25 克,犊牛 7～12 克。

2. 蝇毒磷　25% 针剂,每千克体重 6～10 毫克,肌内注射,能起到防治作用;用 25% 蝇毒磷乳粉配成含有效成分 0.05%～0.08% 的浓度,涂擦或喷洒牛体背部,可杀死幼虫。

3. 全净　每 10 千克体重 0.7～1 毫克,内服,1 次投药即可。

十五、牛螨病(疥癣病)

螨病是由疥螨科和痒螨科的螨类寄生于牛的体表或表皮内所引起的慢性寄生性皮肤病。以接触感染、能引起患牛发生剧烈的痒觉以及各种类型的皮炎为特征。犊牛易感。本病多发于秋、冬季节。

【虫体特征及生活史】　本病的病原为疥螨科的疥螨和痒螨科的痒螨。

1. 疥螨　又叫穿孔疥螨虫,成虫呈龟形,浅黄色,背部隆起,腹面扁平。虫卵呈卵圆形,透明,暗白色或微黄色。成虫寄生于表皮深层,以吸食角质层组织和渗出的淋巴液为生,并进行发育和繁殖。雌螨每2~3天产卵1次,一生可产46~50个卵,卵经3~8天孵出幼螨。疥螨整个发育过程为8~22天。

2. 痒螨 又叫吸吮疥癣虫,成虫呈长圆形,虫体较大,肉眼可见。卵为卵圆形,透明,灰白色。成虫寄生于皮肤表面,以刺吸式口器吸取淋巴液为食。雌螨在皮肤上产卵,一生可产卵40个,寿命约42天,痒螨整个发育过程为10~12天。

疥螨和痒螨的全部发育过程都在牛体上进行。健牛主要通过接触病牛或被螨虫污染的栏、圈、用具而感染发病。

【症 状】 牛的疥螨和痒螨大多呈混合感染,但以痒螨病流行较严重。初期多在头、颈部发生不规则丘疹样病变,病牛剧痒,使劲磨蹭患部,使患部落屑、脱毛,皮肤增厚,失去弹性。鳞屑、污物、被毛和渗出液黏结在一起形成痂垢。严重时可波及全身,甚至因消瘦和恶病质而死亡。

【诊 断】 根据本病的临床症状、流行特点等即可确诊。如症状不明显时,在健部与患部交界处刮取皮屑,将其置于载玻片上,滴加1滴10%氢氧化钠溶液,在低倍镜下观察,发现虫体即可确诊。

【预 防】

第一,牛舍要通风良好,干燥、卫生,经常清扫,定期消毒。并应用杀螨药物彻底做好牛舍、用具及周围环境的消毒工作。

第二,从外地引入的牛要事先了解是否有螨虫存在,引入后要隔离观察1个月左右。如确实无螨虫存在才能并群饲养。

第三,经常检查牛群的健康状况,发现病牛要及时隔离治疗。

第四,每年夏季应对牛进行药浴,是预防螨病的主要措施。

【治 疗】

第一,用来苏儿油剂(用煤油或废机油19份加来苏儿溶液1份)适量,涂擦患部。

第二，用2%敌百虫水溶液涂擦患部，每次不宜超过10克，每次治疗后间隔2～3天再处理。

第三，伊维菌素，每千克体重200微克，皮下注射。严重病例，间隔7～10天重复用药1次。

第四，螨净，按250毫克/升（每1000毫升水中含250毫克），药浴或喷淋。

第三节 牛的内科病

一、口 炎

口炎又名口疮，是牛口腔黏膜的炎症，包括舌炎、腭炎和齿龈炎。临床上以卡他性、水疱性和溃疡性口炎为常见，其特征是流涎，拒食或厌食。

【病 因】 采食蒿秆、芒刺等粗硬尖锐的饲料或误食骨、铁丝及玻璃等异物以及牛本身牙齿不正而引起的损伤；其次是刺激性化学物质（如生石灰、醋酸、石炭酸等）引起；抢食过热饲料，以及吃了品质不良、霉败饲料和有毒植物后，亦可发生。

口炎常继发咽炎、舌伤、前胃疾病、胃炎、肝炎及维生素 A 缺乏等疾病。

【症 状】 流涎、拒食或选择植物的柔软部分小心咀嚼，有时将咀嚼不充分的成团饲料吐出口外。口角有大量白色泡沫，或有大量唾液呈丝状从口中流出。

病牛常拒绝检查口腔。口腔黏膜充血、肿胀，舌面常有灰白色舌苔，口腔恶臭。口腔黏膜上可见到创伤、水疱、烂斑、溃疡等病变。

【预 防】 加强饲养管理，不喂饲粗硬尖锐的饲料，注意饲料卫生，防止误食尖锐及刺激性物质。

【治　疗】　查找并清除病因。饲喂易消化的新鲜饲料,保证清洁的饮水。

用 1%食盐水、2%硼酸溶液、0.1%高锰酸钾溶液、1%明矾溶液、1%来苏儿等溶液中的一种冲洗口腔。每日 2～3 次。当口腔黏膜上有烂斑或溃疡时,冲洗后再涂碘甘油或龙胆紫溶液,每日 1～2 次。对严重的口炎,可口服磺胺明矾合剂(长效磺胺粉 10 克、明矾 3 克,装入布袋中含之),每日更换 1 次。

二、食管阻塞

食管阻塞是食管的一段被食团或异物阻塞所引起的急症。

【病　因】　牛过度饥饿之后,贪食急咽,或采食中突然受惊急咽,多在吞食萝卜、马铃薯、甜菜、甘薯、玉米棒等块状饲料时发生。患异食癖的牛食入塑料布、破布、毛线、木屑等也可引起该病。

【症　状】　病牛停止采食,骚动不安,摇头缩颈,有吞咽动作。空口咀嚼,并伴发咳嗽,从口鼻流出蛋清样液体。采食饮水时,食物和水从鼻腔逆出。食管及颈部肌肉痉挛性收缩,并继发瘤胃臌气、呼吸困难。

【诊　断】　根据病史、症状、食管外部触诊及胃管探诊即可确诊。

【预　防】　防止牛采食过急,块根类饲料要切碎,豆饼要泡软,不要让牛偷吃到块根类农作物,即使发现偷食者也要缓慢驱赶。

【治　疗】　争取早期治疗,及时排除阻塞物。

如果病牛发生了瘤胃臌气,应及时进行瘤胃穿刺放气,以防窒息。

牛的食管阻塞物多数是在近咽腔处。首先用胃管灌液状石蜡 100～300 毫升,作润滑剂,再带上开口器,将病牛妥为保定,一人用双手在食管两侧将阻塞物推向咽部,另一人将手或钝钳伸入咽内取出。手不易取出时,可试用铁丝套环套出。

阻塞物在食管,可用 5％水合氯醛酒精液 200～300 毫升,静脉注射;或先灌服液状石蜡或植物油 100～200 毫升,然后皮下注射 3％盐酸毛果芸香碱注射液 3 毫升,使食管松弛,然后再用胃管推送。

阻塞物在胸部时,可先灌服 2％普鲁卡因液 20～30 毫升,经 10 分钟后,灌服液状石蜡或植物油 100～200 毫升,再用胃管小心地将阻塞物向胃内推送。如不见效,可在胃管上连接打气筒,有节奏地打气 3～5 下,趁食管扩张时,将胃管缓缓推进,有时可将阻塞物送入胃内。

如果颈部食管阻塞物大而坚硬,应用各种疗法均无效果,可行食管切开术,取出阻塞物。

三、前胃弛缓

前胃弛缓是前胃(瘤胃、网胃、瓣胃)神经兴奋性降低,收缩力减弱,食物在前胃不能正常消化和向后移动,因而腐败分解,产生有毒物质,引起消化功能障碍和全身功能紊乱的一种疾病。临床主要表现为食欲减少,前胃蠕动减弱或停止,缺乏反刍和嗳气等。

【病　因】　长期饲喂粗硬劣质难以消化的饲料,如麦糠秕壳、半干的甘薯藤、豆秸等;其次是饲喂品质不良的草料,如发酵、腐烂、变质的青草和青贮料、酒糟、豆渣、甘薯渣等。饲料单纯、调制不当以及饲喂过冷过热饲料或突然变换草料等也可引起本病的发生。另外,瘤胃臌气、瘤胃积食、创伤性网胃炎、瓣胃阻塞、皱胃变位及酮病等疾病常可继发前胃弛缓。

【症　状】　病牛精神沉郁,采食减少,喜食青绿的粗饲料,拒绝采食精饲料。鼻镜干燥,经常磨牙,继而食欲废绝,反刍、嗳气减少或停止。瘤胃蠕动减弱或停止,触诊瘤胃松软,常呈现间歇性臌气。网胃及瓣胃蠕动音减弱或消失。病牛不食时腹部大小正常,稍食后发生臌气。口腔潮红，唾液黏稠，气味难闻。病初排粪减少，粪便干硬色暗，呈黑色，被覆黏液，继而发生腹泻，排棕色粥样或水样稀便，气味恶臭。

体温、脉搏、呼吸一般无明显变化。继发瘤胃臌气时，呼吸困难；继发肠炎时体温升高。

【诊　断】　根据饲养管理上的错误和临床症状，做出诊断并不困难。

【预　防】　加强饲养管理，合理调配饲料，不喂霉败、冰冻等品质不良的饲料，不突然更换饲料，保持牛舍卫生，保证牛有适当的运动。

【治　疗】　本病的治疗原则是消除病因，加强瘤胃蠕动功能，制止异常发酵和腐败过程。

发病初期绝食1～2天，以后喂给优质饲草和易消化的饲料，要少给勤添，多饮清水。

改善瘤胃生物学环境对该病的恢复很有帮助。对病牛应口服碳酸氢钠30克，或用2%～3%的碳酸氢钠溶液洗胃。为了恢复瘤胃微生物区系，可做纤毛虫接种，即从健牛口中迅速取得反刍食团投给病牛。亦可利用胃管吸取健牛的瘤胃液，或用温水桶从屠宰场取得新鲜瘤胃内容物。在接种前，最好先从病牛取样，观察瘤胃的 pH 值、纤毛虫的数量及活性。

为了兴奋瘤胃，可应用拟胆碱药物，如新斯的明，牛1次剂量为20～60毫克，皮下注射；最好用其最低量，每隔2～3小时注射1次。亦可使用氨甲酰胆碱4～6毫克或毛果芸香碱20～50毫克，皮下注射。

用"促反刍液"500～1 000毫升(每500毫升含氯化钠25克，氯化钙5克，安钠咖1克)1次静脉注射；或用10%氯化钠注射液(0.1克/千克体重)，内加10%安钠咖注射液20～30毫升，1次静脉注射也有良好效果。当伴有内中毒时，可静脉注射25%葡萄糖注射液 500～1 000 毫升。为了制止异常发酵,可用松节油 30 毫升,或鱼石脂 10～15 克加适量水灌服;便秘时可给硫酸钠或硫酸镁 100～300 克;出现胃肠道炎症时,可给磺胺制剂及黄连素等。在病的恢复期,可应用健胃剂。

四、瘤胃积食

瘤胃积食也叫急性瘤胃扩张,是由于采食大量难消化、易膨胀的饲料所致。

【病　因】　牛采食过多不易消化的粗纤维饲料,如麦秸、谷草、稻草、豆秸及其他粗干草等;或过食大量精饲料,如豆类、谷类等。此外,突然由粗饲料转换为精饲料,由放牧转为舍饲,由劣质草料转换为良好草料时均可导致本病的发生。

【症　状】　症状随饲料的数量、性质及消化难易程度有所不同。一般病的发作较迅速。病初食欲、反刍、嗳气减少或停止。背拱起,回头顾腹,后肢踢腹、磨牙、呻吟、时起时卧。瘤胃蠕动减弱或完全停止。左腹中下部增大,触诊坚硬或呈面团样;叩诊呈浊音,鼻镜干燥,鼻孔有黏脓性分泌物。通常排软便或腹泻,粪呈黑色,恶臭。一般体温不高,但呼吸心跳加快。后期出现脱水、酸中毒、昏迷症状。病程延长时出现嗜睡、肌肉震颤、后躯摇晃以及轻微的运动失调。

过食豆谷所引起的瘤胃积食,通常呈急性。表现为中枢神经兴奋性增高,有神经症状,视力出现障碍,直肠检查可摸到未消化的饲料颗粒;脱水、酸中毒较严重,有时出现蹄叶炎。

【诊　断】　根据过食病史,通常可以做出确诊。对病史不清者,应与瘤胃臌气、前胃弛缓、创伤性网胃炎、生产瘫痪、肠毒血症等加以区别。

【预　防】　加强饲养管理,防止过食,粗饲料要适当加工软化后再喂,不要突然变换饲料,母牛产奶期加喂精饲料时要采取逐渐增加饲喂的方式。

【治　疗】　治疗瘤胃积食,关键在于排除瘤胃内容物,根据病程可用促进瘤胃蠕动和泻下的药物以及洗胃。

轻症病牛,按摩瘤胃以刺激瘤胃的蠕动,每1~2小时按摩1次,每次10~20分钟,如能结合按摩灌服大量温水,则效果更好。也可内服酵母粉500~1 000克,每日2次。中症的,可内服泻剂,如硫酸镁或硫酸钠500~800克,加松节油30~40毫升,常水5~8升,1次内服;或液状石蜡1~2升,1次内服;或盐类泻剂与油类泻剂并用。

促进瘤胃蠕动可静脉注射10％氯化钠注射液300~500毫升或"促反刍液"500~1 000毫升,有良好效果。

对较顽固的病例,在静脉注射"促反刍液"的同时进行洗胃,以便排除瘤胃内的饲料及有害物质。

当胃内容物泻下、食欲仍不见好转时,可酌情应用健胃剂。

病牛饮食欲废绝,脱水明显时,可用25％葡萄糖注射液500~1 000毫升,复方氯化钠注射液或5％糖盐水3000~4 000毫升,5％碳酸氢钠注射液500~1 000毫升等,1次静脉注射。

重症而顽固的瘤胃积食,应用药物不见效果时,可行瘤胃切开术,取出瘤胃内容物。

五、瘤胃酸中毒

瘤胃酸中毒是以前胃功能障碍为主症的一种急性病。多发生于牛,死亡率高。

【病　因】　主要是由于突然采食大量富含碳水化合物的谷物饲料(如大麦、小麦、玉米、谷子、高粱等),或长期过量饲喂块根类饲料(如甜菜、马铃薯等)以及酸度过高的青贮饲料等所致。

【症　状】　病牛精神沉郁,可视黏膜潮红或发绀。食欲废绝,磨牙空嚼,流涎,口腔有酸臭味。瘤胃胀满,瘤胃冲击式触诊有振水音,听诊蠕动音消失。粪质稀软或水样,有酸臭味。脉搏增数,呼吸加快,体温正常或偏低。机体脱水明显,皮肤干燥,眼窝凹陷,血液黏稠色暗,排尿减少或停止。病牛狂躁不安,盲目运动或转圈。病后期多卧地不起,角弓反张,眼球震颤,最后昏迷而死亡。

最急性病例,常在采食谷物饲料后 3～5 小时突然发病死亡。

【诊　断】　瘤胃内容物和尿液 pH 值明显下降,严重者 pH 值降至 5 以下。红细胞压积容量增高,血液乳酸含量增高,血浆二氧化碳结合力下降。

【预　防】　加强饲养管理,不要突然大量饲喂谷物精饲料,防止牛偷吃精饲料,经常补饲青草、干草等。

【治　疗】　治疗原则是制止瘤胃内继续产酸。

第一,用 1％氯化钠液或 1％碳酸氢钠液反复洗胃,直至瘤胃液呈碱性反应为止。

第二,可静脉注射 5％碳酸氢钠注射液 1 000～2 000 毫升,以解除酸中毒。

第三,脱水时,可用 5％糖盐水、复方氯化钠液、生理盐水或平衡液等,每天 6～10 升,分 2～3 次静脉注射。

第四,心力衰竭时,应用强心剂,如 20％安钠咖注射液 10～20 毫升,静脉或肌内注射。

第五,缓解神经症状,可用 20％甘露醇注射或 25％山梨醇注射液 500～1 000 毫升,静脉注射。

第六,增强瘤胃运动功能,可用新斯的明 10～20 毫克或毛果芸香碱 40～60 毫克,皮下注射。

第七,对于严重病牛可行瘤胃切开术,直接取出内容物。如果能同时移入健康牛瘤胃内容物,效果更好。

六、瘤胃臌气

瘤胃臌气是由于过量地采食易于发酵的饲料和食物在瘤胃细

菌的参与下过度发酵,并迅速产生大量气体,致使瘤胃容积急剧增大,胃壁发生急性扩张,并呈现反刍和嗳气障碍的一种疾病。本病多发生在春末夏初。

【病　因】　主要发生于夏季放牧的牛,由于采食大量易发酵的幼嫩多汁的豆科牧草或青草,采食多量雨季潮湿的青草、霜冻的牧草及腐败发酵的青贮饲料等引起本病;其次在食管阻塞、前胃弛缓、创伤性网胃炎及腹膜炎等病经过中,由于嗳气障碍,也常继发瘤胃臌气。

继发性瘤胃臌气主要是由于前胃功能减弱,嗳气功能障碍,气体积聚于瘤胃中而导致的瘤胃臌气。如前胃弛缓、食管堵塞、创伤性网胃炎、腹膜炎,瘤胃与腹膜粘连、瓣胃阻塞、迷走神经性消化不良等。

【症　状】　原发性瘤胃臌气,常在采食后不久发病,发病后最特征的症状就是左腹部急剧膨胀,最严重者可突出背脊,病牛表现疼痛不安,不断回顾腹部,后肢踢腹。食欲废绝,反刍、嗳气停止。叩诊左腹部呈现鼓音,按压时腹壁紧张不留压痕,听诊瘤胃蠕动音减弱或消失。呼吸困难,严重者张口呼吸,可视黏膜发绀。心搏动增强,脉搏细数,静脉怒张。后期病牛呻吟,步样不稳或卧地不起,常因窒息或心脏麻痹而死亡。

继发性瘤胃臌气,先有原发病的表现,以后才逐渐呈现瘤胃臌气的症状。

【诊　断】　根据病史,左腹部急剧膨大,叩诊呈鼓音可以确诊。

【预　防】　春、夏季放牧期的前1周应给一些干草或粗饲料,要先放牧于牧草贫瘠的草地或限制放牧时间不要让牛吃得太饱。幼嫩的牧草,特别是豆科植物应晒干后拌以普通干草饲喂。所有多汁饲料应限量。饲喂谷物、芥菜、马铃薯、萝卜叶和酒糟等时,必须小心。采食后不应立即饮水。

【治　疗】　治疗原则为排出气体，制止瘤胃内容物继续发酵。

轻度臌气，可给制酵剂，如鱼石脂 10～20 克，或松节油 30 毫升，1 次内服。

严重臌气，可用套管针穿刺瘤胃放气。方法是：在左腹部臌胀的最高点，将套管针向右肘方向用力刺入。放气要慢，放气后可用注射器经套管注入止酵剂于瘤胃。

对泡沫性臌气，可用长针头向瘤胃内注入抗生素或制酵剂（如青霉素、土霉素、松节油等），或投服豆油 250 毫升，都有破灭泡沫的作用。

鱼石脂 10～15 克与松节油 20～30 毫升，乙醇 30～40 毫升配成合剂，对泡沫性或非泡沫性臌气都有良好的作用。对非泡沫性臌气，可内服镁乳（8％氢氧化镁或氧化镁混合悬液）氧化镁 50～100 克，加水 500 毫升，1 次灌服。

七、创伤性网胃腹膜炎

创伤性网胃腹膜炎是一种由金属异物进入网胃，导致网胃和腹膜损伤及炎症的疾病。

【病　因】　主要是牛误食混入饲料中的各种金属丝、铁钉、缝针、别针、发针等尖锐的金属异物，进入网胃。由于网胃的体积小，强力收缩时容易刺伤、穿透网胃壁，从而发生网胃腹膜炎。

【症　状】　根据网胃损伤的部位和程度以及有无继发症等，牛的临床表现有所不同。

病初表现为典型的前胃弛缓症状。精神沉郁，食欲减退或消失，反刍减少或停止，瘤胃蠕动微弱，鼻镜干燥，磨牙呻吟，呈现持续性中等臌气，病程缠绵，久治不愈。随着病情发展，病牛行动姿势出现异常，站立时肘头外展，以争取前高后低姿态，不愿卧地，卧地时非常小心，且以后腿先着地，起立时前肢先起来，有的病牛在起卧时还发出呻吟声，运步时，步态僵硬，愿走软路不愿走硬路，愿上坡不愿下坡。网胃触诊疼痛不安,呻吟,眼神惊慌,体温多升高至 40℃～41℃,脉搏增加。

【诊　断】　由于临床上典型病例不多,所以诊断时宜做系统和仔细观察以综合判断。

利用金属探测器对网胃和心包内的金属异物进行检查可获得阳性结果;但与胃内游离的金属异物难以鉴别。金属探测器与金属异物摘出器结合使用,对保护母牛很有价值。

腹腔穿刺检查,腹腔穿刺液呈浆液性纤维蛋白性,能在 15～20 分钟凝固,李瓦塔氏试验呈阳性,显微镜下可见大量的白细胞及一些红细胞,但还须与其他原因的腹膜炎做出区别。

【预　防】　注意饲料来源,杜绝饲料中混入金属异物。

【治　疗】　有保守疗法和手术疗法两种。

1. 保守疗法　将病牛放在一个站台上,使前躯提高 15～20 厘米,促使异物由胃壁退回,即所谓的"站台疗法"。同时每日用普鲁卡因青霉素 300 万单位及双氢链霉素 5 克,分 2 次肌内注射,连续 3 天。在临床症状出现后 24 小时内使用本方法,治愈率较高。

将特制的磁铁投入网胃,同时肌内或腹腔注射青霉素 300～500 万单位,链霉素 5 克,可有 50％的痊愈率。

2. 手术疗法　是治疗本病的一种确实的方法。有瘤胃切开术和网胃切开术两种。

八、肠　炎

肠炎是一种肠道黏膜及黏膜下层组织的重剧炎症过程。

【病　因】　引起本病的病因有两种。

1. 原发性肠炎　由于饲喂品质不良的饲料,如霜冻的块根饲料、霉烂饲料、有毒饲料,以及长途运输,感冒等引起。

2. 继发性肠炎　可由前胃弛缓、创伤性网胃炎以及巴氏杆菌、沙门氏菌、钩端螺旋体病、牛副结核等传染病所引起。

【症　状】　病牛精神沉郁,食欲废绝,饮欲增加,反刍停止。结膜潮红,体温升高,呼吸、脉搏加快。瘤胃蠕动减弱甚至消失,且轻度膨胀。病初肠音增强,而后逐渐减弱甚至消失。腹部触诊敏感。尿少色黄,排便失禁,粪便稀薄,混有黏液、血液和坏死脱落的肠黏膜碎片,味恶臭。

【预　防】　平时要加强饲养管理,喂给优质饲料,合理调制饲料,不要突然更换饲料。

【治　疗】　对原发性肠炎,先停止饲喂 1～2 天,保证饮水,然后饲喂柔软易消化的饲料。病初排粪不畅时,可用硫酸钠或硫酸镁 300～500 毫升,或液状石蜡 500～1 000 毫升,松节油 20～30 毫升,1 次内服;当内容物排空但腹泻不止时,可用 0.1％高锰酸钾溶液 3～5 升,1 次内服,每天 1～2 次;或鞣酸蛋白 20 克,次硝酸铋 10 克,碳酸氢钠 40 克,淀粉浆 1 升,1 次内服;肠炎的全部病程都要坚持消炎的治疗原则,可用黄连素 2 克,1 次内服,每天 2～3 次。根据病情状况可酌情强心、补液。强心可用 20％安钠咖注射液、西地兰等,补液用复方氯化钠注射液 2 升,0.9％生理盐水或 5％糖盐水 3～4 升,静脉注射,每天 2～3 次;酸中毒,先放血 1～2 升,再用 5％碳酸氢钠溶液 500～1 000 毫升,静脉注射。

九、肠便秘

肠弛缓导致粪便积滞称肠便秘。此病多伴有前胃弛缓。

【病　因】　长期大量饲喂劣质饲料使肠道负担过重而导致本病。

【症　状】　病牛食欲减退或废绝,嗳气、反刍停止。口腔、鼻镜干燥,持续腹痛,呻吟磨牙,拱腰努责,回顾腹部,后肢踢腹,两后肢交替悬空。肠音弱或消失,排粪减少或停止。直肠检查,肛门紧缩,直肠内空虚,有时在直肠壁上附着干燥的少量粪屑。病的后期,眼球下陷,卧地不起,心脏衰竭,最后因脱水、虚脱及自体中毒而死亡。

【预　防】　加强饲养管理,防止偏喂粗饲料或精饲料,要粗、精饲料搭配,合理饲喂。饲料要多样化,应有充足的青绿多汁饲料及饮水,适当运动。

【治　疗】

1. 镇痛通便　可用硫酸镁(钠)500～800 克,加水 6～10 升,1次内服;或液状石蜡 1～2 升,1 次内服;或植物油 500～1 000 毫升,1 次内服。皮下注射毛果芸香碱 50～100 毫克;或新斯的明30～60 毫克。

2. 深部灌肠　用温肥皂水 15～30 升,1 次直肠灌入。

3. 中药治疗　可用通结汤:大黄 90 克,麻仁 50 克,厚朴 30克,醋香附 60 克,枳实 50 克,木通 25 克,连翘 25 克,木香 30 克,栀子 30 克,当归 30 克,混合煎 30～60 分钟,再加入芒硝 250 克,乳香 20 克,没药 20 克,神曲 90 克,候温灌服。

十、支气管炎

支气管炎是支气管黏膜表层或深层的炎症。在临床上以咳嗽、流鼻液与不定热型为特征。

【病　因】　主要是由于寒冷以及各种理化因素的刺激所致。也可继发于喉炎、结核、传染性鼻气管炎及肺丝虫病。

【症　状】　按病程可分为急性和慢性 2 种。

1. 急性支气管炎　主要症状是咳嗽,初期为短咳、干咳,以后变为长咳、湿咳。病初流浆液性鼻液,以后流黏液性或黏液脓性鼻液。胸部听诊,肺泡呼吸音增强,可听到干、湿啰音,胸部叩诊无明显变化。

体温正常或升高,呼吸、脉搏稍增数。当发生细支气管炎时,全身症状较重,食欲减退,体温升高 1℃～2℃,呈现呼气性呼吸困难,结膜发绀。

当发生腐败性支气管炎时,除上述症状外,呼出气带恶臭味,两侧鼻孔流污秽不洁、带腐败臭味的鼻液,全身症状更为重剧。

2. 慢性支气管炎 主要症状为持续性咳嗽,尤其在运动、采食及早晚气温降低时更为明显,而且多为剧烈的干咳。鼻液少而黏稠。胸部听诊,可长期听到干啰音,胸部叩诊一般无变化。

病程长久,时轻时重,当气温骤变时,症状加重。

【预 防】 平时应加强饲养管理,牛舍保持干燥,通风良好,防止牛受寒感冒。

【治 疗】

1. 排除致病因素 将病牛置于清洁、温暖适当的厩舍,给予适量多汁、柔软、营养丰富、品质良好的饲草饲料和清洁的饮水。

2. 消炎 用青霉素 100 万～200 万单位,链霉素 200 万～300 万单位溶于注射用水中,肌内注射,每日 2 次;或用 10%磺胺嘧啶钠注射液 100～150 毫升,静脉注射。

3. 止咳 可用复方樟脑酊 100～150 毫升,复方甘草合剂 100～150 毫升或杏仁水 30～60 毫升,每日 1～2 次,口服。

4. 解除呼吸困难 可用氨茶碱 1～2 克,1 次肌内注射;或用 5%麻黄碱注射液 4～10 毫升,1 次皮下注射。

十一、支气管肺炎

支气管肺炎也叫小叶性肺炎或卡他性肺炎,是支气管和肺小叶群同时发生的炎症。临床上以出现弛张热型,呼吸次数增多,叩诊有散在的局灶性浊音区和听诊有捻发音等为特征。

【病 因】 寒冷感冒是引起支气管肺炎的主要原因。也可见于流行性感冒、牛恶性卡他热、传染性支气管炎、口蹄疫等病的过程中。

【症 状】 病初呈现支气管炎的症状,但其全身症状重剧。病牛精神沉郁,食欲、反刍减少或废绝,体温升高达 39.5℃～

41℃,弛张热型。脉搏增数,呼吸加快。咳嗽,流出浆液或浆液黏液性甚至脓性鼻液,黏膜潮红或发绀。叩诊在肺脏前区出现小片浊音区。胸部听诊,病灶部肺泡呼吸音减弱或消失,可听到捻发音、支气管呼吸音、干性啰音或湿性啰音。

【预　防】 加强饲养管理,防止受寒感冒,避免机械性和化学性因素的刺激。若患支气管炎时,应及时治疗。

【治　疗】

1. 加强管理 将病牛置于通风良好、光线充足、温暖的厩舍中,给予柔软易消化的富于营养的饲料以及清洁的饮水。

2. 消炎 可用青霉素 100 万～200 万单位,链霉素 200 万～300 万单位,肌内注射,每日 2～3 次;或用 10% 磺胺嘧啶钠、10% 磺胺二甲基嘧啶注射液 100～150 毫升,肌内注射,每日 1 次;或用红霉素(4～8 毫克/千克体重)、新霉素(4 毫克/千克体重)、氨苄青霉素(4～11 毫克/千克体重)等抗生素,肌内注射。也可用青霉素 100 万～160 万单位,溶于 15～20 毫升蒸馏水中,缓慢向气管内注射。

3. 止咳 详见支气管炎的治疗。

4. 止渗和促进吸收 制止渗出和促进炎性渗出物的吸收,可用 10% 氯化钙注射液 100～200 毫升,静脉注射,每日 1 次;或用双氢克尿塞 0.5～2 克,碘化钾 2 克,远志末 30 克,温水 500 毫升,1 次内服,每日 1 次。

5. 促进呼吸 病牛呼吸困难,可肌内注射氨茶碱注射液 1～2 克;或皮下注射 5% 麻黄碱注射液 4～10 毫升。

6. 增强心脏功能 可选用强心剂,如 20% 安钠咖注射液、10% 樟脑磺酸钠注射液等。

7. 防止自体中毒 可静脉注射撒乌安注射液 50～100 毫升或樟脑酒精注射液 100～200 毫升,每日 1 次。

十二、创伤性心包炎

创伤性心包炎是异物损伤心包致使心包发炎的疾病。

【病　因】　多由随同饲料进入网胃的铁丝、铁钉等尖锐的金属锐物穿透网胃壁，进而刺伤心包而引起。

【症　状】　病初呈现顽固性的前胃弛缓症状和创伤性网胃炎症状，以后才逐渐出现心包炎特有的症状。

心包炎的特有症状是心区触、叩诊疼痛不安，抗拒检查。心脏听诊，初期可听到心包摩擦音，以后可听到心包拍水音，心音和心搏动明显减弱。体表静脉怒张，颈静脉膨隆呈索状，颌下、肉垂、胸下及胸前等处发生水肿。体温升高，脉搏增数，呼吸加快。

【预　防】　注意饲料来源，杜绝饲料中混入金属异物。

【治　疗】　大剂量应用抗生素或磺胺类药物，同时应用可的松制剂，以控制炎症发展；心包积液时，可进行心包穿刺，排出积液。穿刺部位在左侧第六肋骨前缘，肘突水平线上。抽空心包积液后，用生理盐水反复冲洗，直至抽出液变透明为止，再灌注抗生素，隔 3 天冲洗 1 次。

最好早期手术，摘除异物。

慢性心包炎治疗无特效疗法，确诊后最好尽快淘汰，多数病例结局是死亡。

第四节　牛的营养代谢性疾病

一、骨软症

牛骨软症是成年牛比较多发的一种慢性疾病，是指成年牛在软骨内骨化作用完成后发生的一种骨营养不良症。

【病　因】　长期饲喂单一饲料，饲料中钙、磷含量不足或比例不当以及机体钙、磷代谢障碍,是本病发生的主要原因。此外,维生素D缺乏,运动不足,阳光照射少,慢性胃肠病以及甲状旁腺功能亢进,都可促使本病发生。

【症　状】　病牛出现消化障碍和异嗜,舔食泥土、墙壁、铁器、骨头、砖头、破布等异物。四肢强拘,拱背站立,运步不灵活,一肢或多肢跛行,或交替出现跛行,经常卧地,不愿起立。脊柱、肋弓和四肢关节疼痛,外形异常,肋骨与肋软骨结合部肿胀,易折断,尾椎骨移位、变软。椎体萎缩,最后几个椎体常消失。人工可使尾椎骨卷曲,病牛不感疼痛。

【预　防】　主要是改善日粮配合,调整日粮中所含钙、磷量,使其比例正常。同时,加强管理,适当运动,增加光照。

【治　疗】　静脉注射10％氯化钙注射液100～300毫升;或静脉注射葡萄糖酸钙注射液300～500毫升;或磷酸钙10～30克,混入饲料中,内服。此外,用维生素A、维生素D注射液,每隔2～3日肌内注射1次。

二、异食癖

【病　因】　由于饲料中的钠、铜、钙、钴、铁等矿物质不足或某些维生素缺乏,使牛体代谢功能紊乱,导致本病的发生。

【症　状】　病牛舔食、啃咬、吞咽被粪便污染的饲草或铺草,舔食墙壁、食槽,啃吃土块、砖瓦、煤渣、破布等物。病牛初神经敏感,而后迟钝。皮肤干燥而无弹性,被毛无光泽。拱腰,磨牙,畏寒,口干舌燥,病初便秘,继而腹泻或两者交替发生。渐进性消瘦,食欲、反刍停止,泌乳减少,直至衰竭而死亡。

【预　防】　改善饲养管理,给予全价日粮,多喂给优质青草、青干草、青贮料,补饲麦芽、酵母等富含维生素的饲料。

【治　疗】　视病因而定。可给予氯化钴30～40毫克,小牛10～20毫克;或硫酸铜配合氯化钴300毫克,小牛75～150毫克。

三、青草搐搦

青草搐搦是牛放牧于幼嫩的青草地或谷苗之后不久而突然发生的一种低镁血症。

【病　因】　主要是多吃了幼嫩多汁的青草,使血液中镁和钙的含量急骤减少所致。

【症　状】　牛在采食幼嫩的青草后突然呈现明显的神经症状。甩头、吼叫、盲目奔跑。倒地后四肢划动,惊厥,颈、背和四肢震颤,牙关紧闭,磨齿,耳竖立。尾肌和后肢强直性痉挛,状如破伤风样。惊厥呈间歇性发作,通常在几小时之内死亡。也有些病例,未看到发病即死亡。

轻症病例,呈亚急性经过,只表现步态强拘,对触诊和声音敏感,频频排尿,继续采食可能转为急性,惊厥期可长达 2～3 天。

【预　防】　春、夏季要合理放牧,尤其由舍饲转为放牧时,应逐渐过渡,防止突然饱食青草。如长时间放牧,应适当补镁补钙。

【治　疗】　用 25％的硫酸镁注射液 50～100 毫升,10％的氯化钙注射液 100～200 毫升,10％葡萄糖注射液 500～1 000 毫升,静脉注射。注射时速度要慢,密切注意心跳和呼吸,必要时配合注射 10％安钠咖注射液 20～30 毫升。

四、维生素 A 缺乏症

维生素 A 缺乏症常发生于犊牛。犊牛腹泻、瘤胃不完全角化或角化过度,都可导致维生素 A 缺乏症。

【病　因】　犊牛腹泻,特别是瘤胃不完全角化或角化过度,即可导致维生素 A 缺乏症。慢性肠道疾病和肝病也易继发维生素 A 缺乏症。

【症　状】　本病最早出现的症状是夜盲症,特别是犊牛,在月光或微光下看不见障碍物。以后角膜干燥,羞明流泪。皮肤干燥,被毛粗乱。运动障碍,步样不稳。体重减轻,营养不良,生长缓慢。后期犊牛干眼症尤为突出,导致角膜增厚和云雾状形成。母牛易发生流产,常产出死胎,产后常发生胎衣不下。

【预　防】　改善饲养管理,对妊娠母牛及犊牛应注意多喂青绿饲料、优质干草及胡萝卜等,保证母牛及犊牛维生素 A 的需要量。

【治　疗】

第一,口服鱼肝油 20～50 克;或肌内注射维生素 A 注射液 5 万～10 万单位。

第二,对症治疗,心力衰竭时,可用强心剂;结膜炎时,用 2％ 硼酸或 1∶3 000 高锰酸钾溶液冲洗;腹泻时,给予柔软易消化草料,并选用抗生素药物进行治疗。

五、硒和维生素 E 缺乏症

硒和维生素 E 缺乏常可导致牛肌营养不良。本病以骨骼肌和心肌发生变性、坏死为特征。犊牛多发。常呈地区性发生。

【病　因】　引起牛硒缺乏症的根本原因,在于土壤中的低硒环境造成饲草、饲料含硒低下,通过食物作用于牛的机体而引起发病;维生素 E 缺乏症是由于饲喂缺乏维生素 E 的不良干草、干稻草所致。

【症　状】　病牛精神沉郁,喜卧,消化不良,共济失调,站立不稳,步态强拘,呼吸加快,脉搏增数。多数病犊发生结膜炎,甚至发生角膜混浊和角膜软化。排尿次数增多,尿呈酸性反应。并可继发支气管炎、肺炎,最后食欲废绝,卧地不起,出现角弓反张等神经症状。最终因心脏衰弱和肺水肿而死亡。维生素 E 缺乏还可导致母牛不育、不孕等病变和症状。

【预　防】　加强对妊娠母牛和犊牛的饲养管理,喂给富含维生素 E 和微量元素硒的饲草和饲料。在白肌病流行地区,对妊娠

母牛每2周肌内注射维生素 E 200～250 毫克,每 20 天肌内注射
0.1％亚硒酸钠注射液5～10 毫升,共注射 3 次。对犊牛也采取同
样的方法进行预防,剂量减半。

【治　疗】　皮下注射或肌内注射 0.1％亚硒酸钠注射液 5～
10 毫升,10～20 天重复注射 1 次。同时,配合肌内注射维生素 E
注射液 200～250 毫克,效果更好。

第五节　牛的常见中毒性疾病

一、有机磷农药中毒

有机磷农药中毒是牛接触、吸入或采食某种有机磷制剂所引
致的病理过程,以体内的胆碱酯酶活性受抑制,从而导致神经生理
功能紊乱的一种疾病。

【病　因】　引起中毒的原因主要是牛误食喷洒有机磷农药的
庄稼或青草,误饮被有机磷农药污染的饮水,或饲养员误用配制农
药的容器当作饲槽或水桶来喂饮牛等。

【症　状】　初期病牛精神兴奋,狂躁不安,以后沉郁或昏睡,
反刍、食欲减少或停止。瞳孔缩小、肌肉震颤,胸前、肘后、阴囊周
围及会阴部出汗,甚至全身出汗,呼吸困难。呼出的气体带有农药
的特殊气味。流涎、口吐白沫,齿龈、舌、硬腭均肿胀。腹痛不安,
肠音增强,严重者腹泻,粪便带血。步态不稳,口腔黏膜及鼻镜干
燥甚至出现溃疡,最后四肢麻痹,倒地不起,如不及时抢救,数小时
内可能抽搐昏迷而死。

严重病例,心跳急速而脉搏细弱,常常伴发肺水肿,有的窒息
而死。

【预　防】　健全农药管理制度,用农药处理过的种子和配好

的溶液,不得随便乱放;配制及喷洒农药的器具要妥善保管;喷洒农药最好在早、晚无风时进行;喷洒过农药的地方,应插上"有毒"标记,1 个月内禁止割草或放牧;不滥用农药来杀灭家畜体表寄生虫;应用驱虫药用量要适当。

【治　疗】　用解磷定、氯磷定特效解毒剂立即进行解毒。每千克体重 15～30 毫克,用生理盐水配成 2.5%～5%注射液,缓慢静脉注射。以后每隔 2～3 小时注射 1 次,剂量减半。根据症状缓解情况,可在 48 小时内重复注射;或用双解磷、双复磷,用量为每千克体重 7～15 毫克,用法同解磷定;还可用硫酸阿托品,每千克体重 0.25 毫克,皮下或肌内注射,严重病例可用其 1/3 量混于5%糖盐水缓慢静脉注射,2/3 量用于皮下或肌内注射。经 1 小时如症状不见好转,可减量重复注射。在应用特效解毒剂时,最好与阿托品配合使用。

经皮肤中毒的,为了除去尚未吸收的毒物,可用 5%石灰水、0.5%氢氧化钠或肥皂水洗刷皮肤;经消化道中毒的,可用2%～3%碳酸氢钠液或食盐水洗胃,并灌服活性炭。但要注意,敌百虫中毒时不能用碱水洗胃或皮肤,因敌百虫在碱性环境下可转变成毒性更强的敌敌畏。

在解毒过程中要对症进行强心、输液等。

二、磷化锌中毒

磷化锌是一种有效的灭鼠药和熏蒸杀虫剂。

【病　因】　牛误食了灭鼠药饵或被磷化锌污染的饲料造成中毒。

【症　状】　病牛食欲减退,继而发生呕吐和腹痛,呕吐物蒜臭味,在暗处有磷光,同时有腹泻,粪中混有血液。病牛迅速变为衰弱,脉搏数减少,节律失常,黏膜呈黄色,尿色也黄,并出现蛋白尿、红细胞和管型尿,末期陷于昏迷。

【预　防】　加强对灭鼠药的管理,以防误食。大面积进行灭鼠时将催吐剂配入毒饵,可起到一定的预防作用。

【治　疗】　无特效解毒方法。如能早期发现,灌服 0.2%～0.5%硫酸铜溶液催吐,使之与磷化锌形成不溶的磷化铜,从而降低其毒性作用。与此同时,可静脉注射高渗葡萄糖注射液和氯化钙注射液。

三、尿素中毒

尿素是动物体内蛋白质分解的终末产物,是农业上广泛使用的化肥,在牧业上可作为反刍动物的蛋白质饲料添加剂,但在日粮中尿素配制过多或搅拌不均匀,或在尿素施肥的地区放牧误食,均可造成中毒。

【病　因】　尿素在牛饲料中配制过量或配制方法不当,能产生大量的氨,氨通过侵害机体神经系统而导致中毒。

【症　状】　牛过食尿素后 0.5～1 小时即可发病。初期病牛表现不安、呻吟、流涎、肌肉震颤,体躯摇晃,步态不稳。继而反复痉挛,呼吸困难,脉搏每分钟增至 100 次以上,从口、鼻流出泡沫样液体。末期全身痉挛出汗,瞳孔散大,肛门松弛,几小时内死亡。

【预　防】　必须严格饲料保管制度,不能将尿素与饲料混杂堆放,以免误用,更不能在牛舍内放置尿素。要控制尿素与其他饲料的配合比例。用前一定要搅拌均匀,为提高补饲尿素的效果,要严禁溶于水喂给。

【治　疗】　病初灌服大量的食醋或稀醋酸等弱酸溶液,以抑制瘤胃中脲酶的活力,并中和尿素的分解产物——氨。用 1%醋酸 1 升,糖 500 克,常水 1 升,1 次内服;或用 10%硫代硫酸钠注射液 200 毫升,静脉注射。并应用强心药、利尿药、高渗葡萄糖等对症治疗。

四、亚硝酸盐中毒

【病　因】　白菜、油菜、萝卜、甜菜、芥菜、苜蓿、玉米秸等青绿植物,均有不同含量的硝酸盐。饲喂前若贮存、调制不当,硝酸盐可转变为亚硝酸盐,牛采食后引起中毒;此外,误食了含硝酸盐的化肥也可引起中毒。

【症　状】　通常在大量采食后 5 小时左右突然发病。尿频是本病的早期症状。病牛表现为精神沉郁,流涎,呕吐,腹痛腹泻,体温下降,耳、鼻、四肢乃至全身冰凉。可视黏膜发绀,呼吸极度困难,心跳急速,站立不稳,行走摇晃,肌肉震颤,血液呈咖啡色或酱油色。严重者很快昏迷倒地,痉挛窒息而死。

【预　防】　防止突然过食富含硝酸盐的青绿饲料;当饮水和饲料中含有多量硝酸盐时,应在饲料中增加碳水化合物。

【治　疗】　用特效解毒剂美蓝或甲苯胺蓝,同时应用维生素 C 和高渗葡萄糖。1％美蓝液(美蓝 1 克、纯酒精 10 毫升、生理盐水 90 毫升),每千克体重 0.1～0.2 毫升,静脉注射;5％甲苯胺蓝注射液,每千克体重 0.1～0.2 毫升,静脉注射;5％维生素 C 注射液 60～100 毫升,静脉注射;50％葡萄糖注射液 300～500 毫升,静脉注射。此外,向瘤胃内投入抗生素和大量饮水,阻止细菌对硝酸盐的还原作用。

其他对症疗法可应用泻盐清理胃肠内容物,并补氧、强心及解除呼吸困难。

五、酒糟中毒

酒糟是酿酒工业蒸馏提酒后的残渣,历来供作饲料使用,但是品质不好的酒糟内含有多种游离酸和杂醇油等有毒物质,可引起中毒。

【病　因】　突然大量饲喂酒糟,或牛大量偷吃酒糟;长期饲喂酒糟,缺乏其他饲料的适当搭配;饲喂的酒糟发生严重的霉败变质等,均可引起中毒。

【症　状】　急性中毒开始时兴奋不安,随之呈现一系列的胃肠炎症状,如食欲减少或废绝,腹痛、腹泻。心动快速,脉搏细弱,呼吸促迫,步态不稳或卧地不起,最终因呼吸中枢麻痹而死亡。

【预　防】　妥善保管酒糟,不宜堆放过厚,并避免日晒,以防发酵变质;酒糟的喂量不宜过多,要与其他饲料搭配使用;对轻度酸败的酒糟,可加入石灰水,以中和其中的酸类,如已经严重发霉变质,则应坚决废弃。

【治　疗】　立即停喂酒糟,口服或灌服碳酸氢钠溶液,同时静脉注射 5%糖盐水,然后根据病情采取相应的治疗措施,以消除循环障碍和呼吸衰竭等症状。

六、柞树叶中毒

【病　因】　柞树叶中毒是由于大量采食柞树嫩叶而引起的一种植物中毒。1.5 岁以上的牛多发。发病具有明显的地区性和季节性,即发病局限于柞树广泛分布的地区和柞树发芽长叶的清明节前后。

【症　状】　初期主要呈现前胃弛缓的症状。病牛精神沉郁,食欲减退,厌食青草,反刍减少。瘤胃蠕动音减弱,内容物松软或黏硬。瓣胃蠕动音减弱。排粪迟滞,粪干色黑,呈算盘珠样,混有黏液。尿频量多。

中后期引起心、肾、胃肠功能障碍。病牛精神高度沉郁,肌肉震颤。黏膜苍白,鼻镜干燥。体温降低,耳、鼻、四肢发凉。脉搏增数,呼吸困难。食欲废绝,反刍停止。瘤胃蠕动音减弱或消失,瘤胃胀满,腹围膨大。瓣胃蠕动音消失。粪便由干黑的算盘珠样变为排少量黄褐色或黑褐色的腥臭稀便,并混有血液和黏液。时常磨牙,呻吟,腹痛不安。肉垂、胸前、腹下、会阴、股内及阴囊等处水肿,重症病牛胸、腹腔积水,腹部冲击式触诊闻有振荡音。排尿减少或停止,尿液澄清透明,呈酸性反应,有的排暗红色的血尿。背腰拱起,四肢叉开,运步缓慢无力,不愿行走,强迫行走则步幅短缩,细步轻移。肾区触、叩诊敏感,疼痛不安。病至末期,卧地不起,全身冷凉,心动疾速,心律失常,呼吸高度困难。

【预　防】　防止采食柞树幼芽和嫩叶,不用柞树幼嫩枝叶垫圈。柞树繁茂地区,每年农历清明节前后,每日给牛灌服 1% 石灰水 500 毫升,有一定的预防作用。

【治　疗】　立即停止采食柞树叶,给予优质青、干草。

1. 清理胃肠　可用盐类和油类泻剂。如硫酸镁 400～600 克,液状石蜡 500～1 000 毫升,温水 4～6 升,1 次内服。

2. 保护胃肠黏膜　可灌服鸡蛋清 10 个,常水 1 升,或灌服牛奶 1～2 升。

3. 补液强心、增强解毒功能　可静脉注射高渗葡萄糖、5% 糖盐水、复方氯化钠液、安钠咖、碳酸氢钠等。

4. 利尿及尿路消毒　可用利尿药和乌洛托品。

5. 预防感染　可肌内注射青霉素、链霉素。

6. 恢复前胃功能　可用 25% 葡萄糖注射液 500 毫升,10% 葡萄糖酸钙注射液 200 毫升,10% 氯化钠注射液 250 毫升,5% 糖盐水或复方氯化钠注射液 1 升,20% 安钠咖注射液 10 毫升,1 次静脉注射。也可酌情选用健胃剂。

七、黄曲霉毒素中毒

【病　因】　牛较多地采食了感染霉菌的玉米、小米、黄豆、花生、油菜籽等精饲料而引起中毒。

【症　状】　本病一般呈慢性经过,病牛表现精神委顿,反应淡漠,垂头呆立,似昏睡状,触摸皮肤敏感,一侧或两侧角膜混浊,厌食,反刍和胃蠕动减弱,有腹水、间歇性腹泻,泌乳减少或停止,有的妊娠母牛发生流产。少数病例呈现中枢神经兴奋症状,突然转圈运动,最后昏厥死亡。

【预 防】 防止饲料发生霉变。在饲料收获、运输、加工和贮存过程中,应注意各个环节的保管和防潮,发现霉变饲料要废弃,饲料要做到现购现喂,防止长期堆放。

【治 疗】 一旦发现牛采食霉变饲料中毒时,应立即更换饲料。排毒解毒可用人工盐200~300克加水灌服,或用硫酸镁、硫酸钠类泻剂;并可用50%葡萄糖注射液500~1000毫升,复方氯化钠注射液1000~2000毫升,添加维生素C注射液0.5~1克,静脉注射;强心剂,可用10%樟脑磺酸钠注射液30毫升,肌内注射;镇静剂,可用盐酸氯丙嗪注射液250~500毫克,肌内注射,也可用10%溴化钠注射液或溴化钙注射液200~300毫升,静脉注射。

八、毒芹中毒

毒芹为伞形科多年生草本植物。根茎味甜,牛、羊喜采食。我国各地均有毒芹生长,尤以东北地区为多。毒芹的有毒成分是生物碱——毒芹素,存在于植物的各个部分,但以根茎内含量最多。

【病 因】 毒芹在春季比其他植物生长为快。因此,在早春开始放牧时,牛不仅能采食毒芹的幼苗,而且也能采食到在土壤中生长不甚牢固的毒芹根茎,引起中毒。

毒芹的致死量,牛为200~250克。

【症 状】 牛采食毒芹后,一般在2~3小时内出现临床症状。呈现兴奋不安,流涎,食欲废绝,反刍停止,瘤胃臌气,腹泻等症状。同时,由头颈部到全身肌肉出现阵发性或强直性痉挛。痉挛发作时,病牛突然倒地,头颈后仰,四肢伸直,牙关紧闭,心动强盛,体温升高,脉搏加快,呼吸促迫,瞳孔散大。病至后期,躺卧不动,体温下降,脉搏细弱,多由于呼吸中枢麻痹而死亡。

【预　防】

第一,应尽量避免在有毒芹生长的草地放牧。

第二,改造有毒芹生长的放牧地,可深翻土壤进行覆盖。

【治　疗】　本病无特效疗法,首先应迅速排出含有毒芹的胃内容物。可应用0.5%～1%鞣酸溶液洗胃,每隔30分钟1次,连洗数次。洗胃后,为沉淀生物碱,可灌服碘剂(碘1克,碘化钾2克,水1500毫升)200～300毫升,间隔2～3小时后,可再进行1次。亦可应用豆浆或牛奶灌服。对中毒严重的牛,为了急救,可施行瘤胃切开,以取出含有毒芹的胃内容物。

当清除胃内容物后,为防止残余毒素的继续吸收,可应用吸附剂、黏浆剂或缓泻剂。

为缓解兴奋与痉挛发作,可应用解痉、镇静剂:溴制剂、水合氢醛、硫酸镁等。

为改善心脏功能,可选用强心剂。

第六节　牛的外科病

一、创　伤

【病　因】　是机体局部受到外力作用而引起的软组织开放性损伤。其临床表现为伤口裂开、出血、肿胀及疼痛。分为新鲜创和化脓创。新鲜创包括手术创和新鲜污染创(尚未出现感染症状);化脓性感染创是指创内有大量细菌侵入,出现化脓性炎症的创伤。

【症　状】

1. 新鲜创

(1)新鲜创的共同症状　出血、疼痛、伤口裂开是新鲜创的主要症状。重创伤,常出现不同程度的全身症状。

(2)各种新鲜创的特点

①擦伤 是机体皮肤与地面或其他物体强力摩擦所致的皮肤损伤。其特点为皮肤表层(表皮及真皮的一部分)被擦破,伤部被毛和表皮剥脱,伤面带有微黄色透明渗出物,或露出鲜红的创面,并有少量血液和淋巴液渗出。

②刺创 由尖锐细长的物体刺入组织内所发生的损伤。其特点为伤口不大,有深而窄的创道,深部组织常受损伤,一般出血较少。有时刺入物折断于伤口内,如不及时取出,极易感染化脓。

③切创 由各种锐利物或切割用具所致的组织损伤。其特点为创缘及创面整齐,出血较多,有时创口裂开较宽。

④裂创 由铁钩、铁钉等尖锐物体牵扯组织所致的损伤。其特点为组织撕裂或剥离,创缘及创面不整齐,创内深浅不一,伤口裂开显著。

⑤挫创 由钝性物体的作用或动物跌倒在硬地上被拖拉所致的组织损伤。其特点为创形不整,常有明显挫灭组织,严重时软组织被挫断或挫灭,创内常存有创囊,常被被毛、泥土等污染,极易感染化脓。

⑥咬创 是由动物互相咬架或被野兽、毒蛇等咬伤所引起。其特点为被咬部呈管状创或近似裂创,或咬掉一部分组织而呈现组织缺损创。创内常有挫灭组织,易感染或中毒。

2. 化脓性感染创 其临床表现除具有新鲜创的某些症状外,在其发展过程中,可分为化脓期(化脓创)和肉芽期(肉芽创)。

(1)化脓创 临床特点是创缘及创面肿胀、疼痛,局部温度增高,伤口不断流出脓汁或形成很厚的脓痂。创腔深而伤口小或创内存有异物、创囊时,有时发生脓肿或引起周围组织的蜂窝织炎,出现体温升高。

(2)肉芽创 随着化脓性炎症的消退,创内出现新生肉芽组织。正常肉芽组织比较坚实,呈红色平整颗粒状,表面附有少量黏稠的带灰白色的脓性物。

【治 疗】

1. 新鲜创的治疗

（1）创伤止血　除压迫、钳夹、结扎等方法外，还可应用止血剂，如外用止血粉撒布创面，必要时可应用安络血、维生素 K_3 或氯化钙等全身性止血剂。

（2）清洁创围　先用灭菌纱布将伤口盖住，剪除周围被毛，用 0.1％新洁尔灭溶液或生理盐水将创围洗净，然后用 5％碘酊进行创围消毒。

（3）清理创腔　除去覆盖物，用镊子仔细除去创内异物，反复用生理盐水洗涤创内，然后用灭菌纱布轻轻地吸蘸创内残存的药液和污物，再于创面涂布碘酊。

（4）缝合与包扎　创面比较整齐，外科处理比较彻底时，可行密闭缝合；有感染危险时，行部分缝合；创口裂开过宽，可缝合两端；组织损伤严重或不便缝合时，可行开放疗法。四肢下部的创伤，一般应行包扎。

若组织损伤或污染严重时，应及时注射破伤风类毒素、抗生素。

2. 化脓性感染创的治疗

（1）化脓创的治疗　①清洁创围。②用 0.1％高锰酸钾液、3％过氧化氢溶液或 0.1％新洁尔灭液等冲洗创腔。③扩大创口，开张创缘，除去深部异物，切除坏死组织，排出脓汁。④最后用松碘油膏或 10％磺胺乳剂等创面涂布或纱布条引流。⑤有全身症状时可适当选用抗菌消炎类药，并注意强心解毒。

（2）肉芽创的治疗　①清理创围。②清洁创面，用生理盐水轻轻清洗。③局部用药，应选用刺激性小、能促进肉芽组织和上皮生长的药物，如松碘油膏、3％龙胆紫等。肉芽组织赘生时，可用硫酸铜腐蚀。

二、挫　伤

【病　因】　挫伤是机体局部受到钝性暴力（如打击、冲撞、角撞、跌倒于硬地等）作用而引起的损伤，局部皮肤无伤口。

【症　状】

1. 轻度挫伤　最初肿胀常不明显或有轻微的局限性水肿，以后由于急性炎症的结果，肿胀坚实而明显，比周围组织的温度稍高，有一时性的疼痛。

2. 严重挫伤　受伤部迅速肿胀，疼痛剧烈，有时受伤部周围组织出现无热无痛的水肿。当组织遭受挫灭而发生坏死时，则可出现感觉丧失现象。发生于四肢的挫伤，常因疼痛而出现功能障碍。

【治　疗】　主要是消除肿、痛。先剪毛消毒，防止感染。然后根据情况适当选用下列方法：乙醇、白酒、陈醋或樟脑酒精，擦敷患部；用醋或酒精调制的复方醋酸铅散或栀子粉等涂于患部；用酒精调制鱼石脂和复方醋酸铅散，涂于患部；若肿胀明显，可于患部涂布速效跌打膏；急性炎症初期，可采用普鲁卡因封闭疗法或应用冷敷法和冷水浴法，必要时可加压迫绷带；炎症的中、后期可用温敷法、红外线疗法和激光照射等。

三、脓　肿

脓肿是化脓炎症过程中产生的脓汁积聚于组织内，形成完整腔壁的蓄脓腔。

【病　因】　各种化脓菌通过损伤的皮肤或黏膜进入体内而发生。常见的原因是肌内或皮下注射时消毒不严；刺激性注射液（如氯化钙、黄色素、水合氯醛等）漏于皮下；尖锐物体的刺伤或手术时局部造成污染等所致。

【症　状】

1. 浅在脓肿　病初局部增温，疼痛，呈显著的弥漫性肿胀。以后逐渐局限化，四周坚实，中央软化，触之有波动感，渐渐皮肤变薄，被毛脱落，最后破溃排脓。

2. 深在脓肿　局部肿胀常不明显，但患部皮肤和皮下组织有轻微的炎性肿胀，有疼痛反应，指压时有压痕，波动感不明显。为了确诊，可行穿刺。当脓肿尚未成熟或脓汁过分浓稠，穿刺抽不出脓汁时，要注意针孔内有无脓汁附着。

【鉴别诊断】

1. 血肿　受伤后迅速形成局限性肿胀，触之有痛，温度稍增高，有波动感。皮下血肿的边界较清楚，筋膜下的血肿界限常不明显。经4～5天，出现纤维素性捻发音，沿血肿周缘出现坚实的分界线，有时其中央部仍有波动感。穿刺肿胀部可流出血液。

2. 淋巴外渗　不是在受伤后立即发生，而是逐渐形成明显的肿胀，通常在受伤后3～7天肿胀才不再增大。发生于皮下边界清楚，筋膜下则界限不清。触之肿胀部无热、无明显疼痛，皮下不紧张，有明显的波动感，有时可发生拍水音。穿刺肿胀时，可排出橙黄色半透明的淋巴液，有时因混有血液而呈红色。

3. 腹壁疝　受伤后常在右侧腹壁上突然发生球形或椭圆形大小不等的柔软肿胀，小的如拳，大的如排球，甚至脸盆大。肿胀界限清楚，热痛较轻，用力按压时随着其内容物还纳入腹腔而肿胀变小，触诊可发现腹壁肌肉的破裂口。有时可看到囊内的肠蠕动，或听到肠蠕动音。

【治　疗】　病初，局部可用温热疗法，如热敷、蜡疗等，或涂布用醋调制的复方醋酸铅散、栀子粉等。同时，用抗生素或磺胺类药物进行全身性治疗。如果上述方法不能使炎症消散，可用具有刺激性的软膏涂布患部，如鱼石脂软膏等，以促进脓肿成熟。当出现波动感时，即表明脓肿已成熟，这时应及时切开，彻底排出脓汁（注意不要强力挤压或擦拭脓肿膜,应使脓汁自然流出),再用3%过氧化氢溶液或0.1%高锰酸钾水冲洗干净,涂布松碘油膏或视情况用纱布引流,以加速坏死组织的净化。

四、蜂窝织炎

蜂窝织炎是皮下筋膜和肌间等处的疏松结缔组织的弥漫性急性进行性化脓性炎症过程。与脓肿不同,其炎症不局限化,没有包壁,并向四周迅速扩散,和正常组织没有明显界限。有时也能蔓延到腱鞘、骨膜等处,常伴有全身症状。

【病　因】　一般多由皮肤或黏膜微小伤口的原发性感染引起,也可继发于脓肿或化脓创。

【症　状】　蜂窝织炎的临床症状相当明显,主要是患部增温、剧痛、肿胀、组织坏死和化脓、功能障碍,以及体温升高,精神沉郁,食欲减退等。

1. 皮下蜂窝织炎　病初局部呈急性炎症现象,出现热痛的急性肿胀。触诊肿胀部,初呈捏粉样,数日后变为坚实感,皮肤紧张,无移动性,界限清楚。四肢下部的蜂窝织炎有时可引起全肢弥漫性肿胀,功能障碍显著。随着炎症的发展,患部出现化脓性溶解,肿胀柔软而有波动。以后,患部皮肤破溃,流出脓汁,有的向深部扩散,引起深部蜂窝织炎。

2. 筋膜下及肌间蜂窝织炎　最常发生于前臂筋膜下、小腿筋膜下和股阔筋膜下疏松结缔组织。病初患部肿胀不显著,局部组织呈坚实性炎性浸润,热痛明显,功能障碍显著。随着病程的进展,炎症顺着肌间或肌群间疏松结缔组织而蔓延。患部肌肉肿大、坚实,界限不清,疼痛剧烈。以后,疏松结缔组织坏死化脓。但由于筋膜的高度紧张,化脓后的波动现象常不明显。病程继续发展时,可出现广泛的肌肉组织坏死,如果向外破溃,则流出大量灰色或血样的稀薄脓汁。有时可引起关节周围炎、血栓性脉管炎和神经炎。

【治　疗】

1. 消散炎症　患部剪毛清洗,涂布5％碘酊;也可在局部涂敷以醋调制的复方醋酸铅散;早期应用抗生素或磺胺疗法。为防止酸中毒,可静脉注射5％碳酸氢钠注射液300～800毫升,每日1次,连用3～5次;防止病变部位的蔓延,用0.5％普鲁卡因注射液加适量青霉素进行病灶周围封闭。

2. 减轻组织内压　应用上述疗法无效时,应早期切开患部组织,排出炎性渗出物。切开时,应根据具体情况掌握切口的深度、长度和数目。对浅在蜂窝织炎,切开皮肤即可,深在的蜂窝织炎,则需切开筋膜及肌间组织。炎症蔓延很广时,可行多处切开,必要时还可对口引流。切开后,尽量排出脓汁,清洗创内,选择适当的药物引流,以后可按化脓创治疗。

五、全身化脓性感染(败血症)

致病菌及其毒素和组织分解有毒产物由原发感染病灶侵入血液,引起病牛神经系统、实质脏器和组织发生一系列功能和形态方面的严重病理变化,称为败血症。

【病　因】　败血症是化脓性感染创、脓肿、蜂窝织炎、重度烧伤后感染等感染性疾病的严重并发症,主要致病菌有金黄色葡萄球菌、溶血性链球菌、厌氧性和腐败性细菌。有单一感染,也有混合感染。

败血症的发生决定于病畜的防卫功能和神经功能状态、局部病灶的处理,致病菌的毒力、数量和类型。当机体过劳、衰竭、维生素缺乏及某些慢性传染病时最易发生。此外,处理创伤时损伤了肉芽防卫,创内存有大量脓汁、异物及坏死组织也能促使败血症的发生。

【症　状】

第一,起病急、病情重,发展迅速,预后不良。一般都有高热达

40℃～41℃甚或以上,表现稽留热、间歇热、弛张热或热型不规则,体温升高前肌肉发生剧烈颤抖,有时全身出汗。

第二,脉搏弱而频数,心悸亢进,呼吸促迫,四肢冷厥,食欲减退或废绝。病牛迅速消瘦,精神沉郁,黏膜黄染,口腔鼻镜干燥,有渴感。此时卧地不起,尿量减少,并含有蛋白。

第三,血液检查,红细胞与血红蛋白减少,白细胞数增多,核左移。

【治　疗】

1. 彻底处理原发感染病灶　包括扩创,除去异物及坏死组织,以及切开脓肿通畅引流等。病灶周围行青霉素普鲁卡因液封闭疗法。

2. 抗生素治疗　早期应用大剂量抗生素和磺胺类药进行全身治疗。

3. 支持疗法　可采用补液疗法(5%糖盐水1 000～3 000毫升,1次静脉注射)、酒精疗法(30%～40%酒精300～500毫升,1次静脉注射,隔日1次)、碳酸氢钠疗法(5%碳酸氢钠注射液300～800毫升,1次静脉注射)、钙疗法(氯化钙10克、葡萄糖30克、安钠咖1.5克、生理盐水500毫升,混合灭菌,1次静脉注射),以提高机体抵抗力。心脏衰弱时,及时应用强心剂(皮下或肌内注射安钠咖等)。

六、关 节 炎

关节炎是牛的关节滑膜层的渗出性炎症。其特征是滑膜充血、肿胀,有明显渗出,关节腔内蓄积多量浆液性或浆液纤维性渗出物。多见于牛的跗关节、膝关节和腕关节。

【病　因】　多由各种机械性损伤引起,如在不平坦的牧地上放牧或在泥泞路上使役、跌跤、滑倒、冲撞、蹴踢等,均可致使关节扭伤或脱位,进一步继发本病。或某些传染病(副伤寒、布氏杆菌病等)及其他疾病(风湿症、骨软症、犊牛脐炎等)也可继发本病。

【症　状】

1. 共同症状

(1)急性关节滑膜炎　关节囊紧张膨大,向外凸出,呈大小不等的肿胀。触诊时波动,有热痛。被动运动患病关节时疼痛反应明显。穿刺关节腔内液体比较浑浊而稍带黄色,容易凝固。站立时,患肢关节屈曲,减负体重。运动时,呈轻度或中等度支跛或混合跛行。一般不显全身症状。

(2)慢性关节滑膜炎　多由急性转变而来,也有的开始即取慢性经过。关节囊内蓄积大量液体,关节囊显著膨大。触诊时有明显波动,但无热、痛。穿刺关节腔,关节液比正常时稀薄,无色或微带黄色,不易凝固,因此又称关节积水。多数病例无明显功能障碍,但关节活动不灵活,有的呈现轻度跛行。

若感染化脓时,全身症状明显,患病关节高度肿胀,热、痛、波动和功能障碍明显,关节囊穿刺可排出脓汁。

2. 常见关节炎的特点

(1)跗关节炎　关节的外形改变,关节液增多,在关节前内面和跟腱两旁内外侧出现 3 个椭圆形凸出的柔软而有波动的肿胀,交互压迫可感知其中的液体互相流动。诊断时注意与跗部腱鞘炎及跟骨结节皮下黏液囊炎和关节周围炎相区别。

(2)膝关节炎　关节外形粗大,关节囊紧张,在关节前面出现肿胀,于 3 条膝直韧带之间触压波动最明显。站立时患肢呈屈曲状态,以蹄尖着地负重。运步时呈中等度混合跛行或支跛。

(3)腕关节炎　主要侵害桡腕关节。在副腕骨上方、桡骨与腕外屈肌之间出现圆形或椭圆形肿胀。患肢负重时肿胀膨满而有弹性,患肢弛缓时则肿胀柔软而有波动。站立时,腕关节屈曲,蹄尖着地。运步时呈混合跛行。要注意与腕部腱鞘炎、腕前皮下黏液囊炎相区别。

【治 疗】

1. 急性炎症 初期应制止渗出,可应用冷却疗法,缠以压迫绷带;当炎性渗出物较多时,应促其吸收,可行温热疗法或装湿性绷带,如饱和盐水湿绷带或饱和硫酸镁溶液湿绷带、樟脑酒精绷带、鱼石脂酒精绷带等,每日 1 次。或在患部涂布用醋调制的复方醋酸铅散,或涂布用酒精或樟脑酒精调制的淀粉和栀子粉,每日或隔日 1 次。

2. 慢性炎症 可用碘樟脑醚合剂反复涂擦,随即温敷,或用四三一合剂、1:12升汞酒精液涂擦。

3. 渗出液过多不易吸收时 可用注射器抽出关节液,然后迅速注入普鲁卡因青霉素溶液(温的 2% ～3% 普鲁卡因液 10～30 毫升,青霉素 20 万～40 万单位),随即装热绷带。

4. 常用治疗 不论急性或慢性炎症都可应用 0.5% 氢化可的松注射液 10～40 毫升,或 2.5% 醋酸氢化可的松注射液 2～10 毫升于关节腔内或在患部皮下数点注射,每隔 4～7 天用 1 次。还可配合全身治疗,如肌内注射抗生素,静脉注射 10% 氯化钙注射液等。

七、风 湿 病

中兽医称风湿病为痹证。现代医学认为风湿病是一种全身变态反应性疾病。常侵害肌肉、关节等部位。牛关节风湿病比较多见。冬、春季多发。

【病 因】 风湿病的发病原因尚不十分清楚。临床上见到的风湿病,多诱发于机体受寒,天气久雨不晴,牛栏通风漏雨,栏内潮湿及饲养管理不当所致。

【症 状】 病牛多突然发病,体温升高,呻吟,食欲减退。患部肌肉或关节疼痛,背腰强拘,跛行,适当运动后可暂时减轻。病牛喜卧,不愿走动。重者肌肉萎缩,感觉迟钝,失去使役能力。

【预　防】　保持牛栏清洁干燥，及时清除粪尿，勤垫干土；冬天要及时更换垫草，防止潮湿和受寒，避免贼风侵袭，喂易消化的饲料。

【治　疗】

第一，10％水杨酸钠注射液200～300毫升，1次静脉注射，每日1次，连用5～7天。可配合5％葡萄糖酸钙注射液250毫升，分别静脉注射。体温高者，可加用青霉素和维生素C注射液。

第二，0.5％氢化可的松注射液40～160毫升，静脉注射或肌内注射，配合抗生素、水杨酸制剂同时应用效果更好。

八、直肠脱和脱肛

直肠脱是直肠的一部分或大部分由肛门向外翻转脱出的一种疾病。如果仅直肠末端黏膜脱出，称为脱肛。

【病　因】　主要是肛门括约肌弛缓或腹内压增高；其次是长期便秘，腹泻，慢性咳嗽，分娩努责，久卧不起，公牛配种，母牛阴道脱出或慢性刺激性药物灌肠后，常继发直肠脱。

【症　状】

1. **脱肛**　常发生在排粪之后。脱出的直肠末端黏膜呈暗红色，半球状，表面有轮状皱缩，中央有肠道的开口。初期常能自行缩回。如果脱出的黏膜发炎、水肿，体积增大，则不易回复原位。如发生损伤，可引起感染或坏死。

2. **直肠脱**　常继发于脱肛之后，也有原发的。其特点是脱出物为直肠壁，体积大，呈圆柱状，由肛门垂下且向下弯曲，往往发生损伤、坏死，甚至由于直肠壁破裂而引起小结肠脱出。直肠脱出往往伴发套叠，此时表现为圆柱状肿胀物向上弯曲，手指可沿直肠脱出物和肛门之间插入。

【治　疗】

1. **整复脱出物**　对新发生的病例，应用高渗盐溶液，或0.1％

高锰酸钾溶液,或2%明矾水,将脱出的肠黏膜洗净,热敷后缓慢地将其还纳于肛门内。

2. 固定肛门　还纳的直肠仍继续脱出时,在肛门周围可行荷包(袋口)缝合,但要留出二指的排粪口,经7～10天即可拆除缝线。应用本疗法时,须特别注意护理,如果病牛排粪困难,应每隔3～6小时用温肥皂水灌肠,然后用手指将直肠中的积粪取出,之后灌入油脂,使黏膜滑润,有助于排粪。

3. 手术切除　上述方法无效或脱出的直肠发生坏死时,应立即手术切除。手术前,对套叠的肠管整复,方法是先经后海穴注射3%普鲁卡因注射液30～50毫升,缓慢整复套叠处,或切开脱出直肠的外壁将粘连部剥离后整复。然后再进行手术,其方法是清洗、消毒脱出的肠管,麻醉后,在靠近肛门处的健康肠管上,用消毒的两根长封闭针头相互垂直成十字刺入,以固定肠管。在距固定针1～2厘米处切除坏死的肠管,充分止血,对两层断端肠管施行相距0.5米的结节缝合。缝合时,因缝合针通过肠道,容易被污染,每缝合1针后应换消毒的针线。缝合完毕,用0.1%高锰酸钾液或0.1%新洁尔灭液冲洗,除去固定针,还纳直肠于肛门内。

术后将病牛置于清洁干燥的厩舍内,喂以柔软饲草,防止病牛卧地,并根据病情采取镇痛、消炎、缓泻等对症疗法。

附　录

一、中华人民共和国动物防疫法

（1997 年 7 月 3 日第八届全国人民代表大会常务委员会第二十六次会议通过 2007 年 8 月 30 日第十届全国人民代表大会常务委员会第二十九次会议修订）

目　录

第一章　总　则

第一条　为了加强对动物防疫活动的管理，预防、控制和扑灭动物疫病，促进养殖业发展，保护人体健康，维护公共卫生安全，制定本法。

第二条　本法适用于在中华人民共和国领域内的动物防疫及其监督管理活动。

进出境动物、动物产品的检疫，适用《中华人民共和国进出境动植物检疫法》。

第三条　本法所称动物，是指家畜家禽和人工饲养、合法捕获的其他动物。

本法所称动物产品,是指动物的肉、生皮、原毛、绒、脏器、脂肪、血液、精液、卵、胚胎、骨、蹄、头、角、筋以及可能传播动物疫病的奶、蛋等。

本法所称动物疫病,是指动物传染病、寄生虫病。

本法所称动物防疫,是指动物疫病的预防、控制、扑灭和动物、动物产品的检疫。

第四条　根据动物疫病对养殖业生产和人体健康的危害程度,本法规定管理的动物疫病分为下列三类:

(一)一类疫病,是指对人与动物危害严重,需要采取紧急、严厉的强制预防、控制、扑灭等措施的;

(二)二类疫病,是指可能造成重大经济损失,需要采取严格控制、扑灭等措施,防止扩散的;

(三)三类疫病,是指常见多发、可能造成重大经济损失,需要控制和净化的。

前款一、二、三类动物疫病具体病种名录由国务院兽医主管部门制定并公布。

第五条　国家对动物疫病实行预防为主的方针。

第六条　县级以上人民政府应当加强对动物防疫工作的统一领导,加强基层动物防疫队伍建设,建立健全动物防疫体系,制定并组织实施动物疫病防治规划。

乡级人民政府、城市街道办事处应当组织群众协助做好本管辖区域内的动物疫病预防与控制工作。

第七条　国务院兽医主管部门主管全国的动物防疫工作。

县级以上地方人民政府兽医主管部门主管本行政区域内的动物防疫工作。

县级以上人民政府其他部门在各自的职责范围内做好动物防疫工作。

军队和武装警察部队动物卫生监督职能部门分别负责军队和武装警察部队现役动物及饲养自用动物的防疫工作。

第八条　县级以上地方人民政府设立的动物卫生监督机构依照本法规定,负责动物、动物产品的检疫工作和其他有关动物防疫的监督管理执法工作。

第九条　县级以上人民政府按照国务院的规定,根据统筹规划、合理布局、综合设置的原则建立动物疫病预防控制机构,承担动物疫病的监测、检测、诊断、流行病学调查、疫情报告以及其他预防、控制等技术工作。

第十条　国家支持和鼓励开展动物疫病的科学研究以及国际合作与交流,推广先进适用的科学研究成果,普及动物防疫科学知识,提高动物疫病防治的科学技术水平。

第十一条　对在动物防疫工作、动物防疫科学研究中做出成绩和贡献的单位和个人,各级人民政府及有关部门给予奖励。

第二章　动物疫病的预防

第十二条　国务院兽医主管部门对动物疫病状况进行风险评估,根据评估结果制定相应的动物疫病预防、控制措施。

国务院兽医主管部门根据国内外动物疫情和保护养殖业生产及人体健康的需要,及时制定并公布动物疫病预防、控制技术规范。

第十三条　国家对严重危害养殖业生产和人体健康的动物疫病实施强制免疫。国务院兽医主管部门确定强制免疫的动物疫病病种和区域,并会同国务院有关部门制定国家动物疫病强制免疫计划。

省、自治区、直辖市人民政府兽医主管部门根据国家动物疫病强制免疫计划,制定本行政区域的强制免疫计划;并可以根据本行政区域内动物疫病流行情况增加实施强制免疫的动物疫病病种和区域,报本级人民政府批准后执行,并报国务院兽医主管部门备案。

第十四条　县级以上地方人民政府兽医主管部门组织实施动物疫病强制免疫计划。乡级人民政府、城市街道办事处应当组织本管辖区域内饲养动物的单位和个人做好强制免疫工作。

饲养动物的单位和个人应当依法履行动物疫病强制免疫义务,按照兽医主管部门的要求做好强制免疫工作。

经强制免疫的动物,应当按照国务院兽医主管部门的规定建立免疫档案,加施畜禽标识,实施可追溯管理。

第十五条　县级以上人民政府应当建立健全动物疫情监测网络,加强动物疫情监测。

国务院兽医主管部门应当制定国家动物疫病监测计划。省、自治区、直辖市人民政府兽医主管部门应当根据国家动物疫病监测计划,制定本行政区域的动物疫病监测计划。

　　动物疫病预防控制机构应当按照国务院兽医主管部门的规定,对动物疫病的发生、流行等情况进行监测;从事动物饲养、屠宰、经营、隔离、运输以及动物产品生产、经营、加工、贮藏等活动的单位和个人不得拒绝或者阻碍。

　　第十六条　国务院兽医主管部门和省、自治区、直辖市人民政府兽医主管部门应当根据对动物疫病发生、流行趋势的预测,及时发出动物疫情预警。地方各级人民政府接到动物疫情预警后,应当采取相应的预防、控制措施。

　　第十七条　从事动物饲养、屠宰、经营、隔离、运输以及动物产品生产、经营、加工、贮藏等活动的单位和个人,应当依照本法和国务院兽医主管部门的规定,做好免疫、消毒等动物疫病预防工作。

　　第十八条　种用、乳用动物和宠物应当符合国务院兽医主管部门规定的健康标准。

　　种用、乳用动物应当接受动物疫病预防控制机构的定期检测;检测不合格的,应当按照国务院兽医主管部门的规定予以处理。

　　第十九条　动物饲养场(养殖小区)和隔离场所,动物屠宰加工场所,以及动物和动物产品无害化处理场所,应当符合下列动物防疫条件:

　　(一)场所的位置与居民生活区、生活饮用水源地、学校、医院等公共场所的距离符合国务院兽医主管部门规定的标准;

　　(二)生产区封闭隔离,工程设计和工艺流程符合动物防疫要求;

　　(三)有相应的污水、污物、病死动物、染疫动物产品的无害化处理设施设备和清洗消毒设施设备;

　　(四)有为其服务的动物防疫技术人员;

　　(五)有完善的动物防疫制度;

　　(六)具备国务院兽医主管部门规定的其他动物防疫条件。

　　第二十条　兴办动物饲养场(养殖小区)和隔离场所,动物屠宰加工场所,以及动物和动物产品无害化处理场所,应当向县级以上地方人民政府兽医主管部门提出申请,并附具相关材料。受理申请的兽医主管部门应当依照本法和《中华人民共和国行政许可法》的规定进行审查。经审查合格的,发给动物防疫条件合格证;不合格的,应当通知申请人并说明理由。需要办理工商登记的,申请人凭动物防疫条件合格证向工商行政管理部门申请办理登记注册手续。

动物防疫条件合格证应当载明申请人的名称、场(厂)址等事项。

经营动物、动物产品的集贸市场应当具备国务院兽医主管部门规定的动物防疫条件,并接受动物卫生监督机构的监督和检查。

第二十一条 动物、动物产品的运载工具、垫料、包装物、容器等应当符合国务院兽医主管部门规定的动物防疫要求。

染疫动物及其排泄物、染疫动物产品,病死或者死因不明的动物尸体,运载工具中的动物排泄物以及垫料、包装物、容器等污染物,应当按照国务院兽医主管部门的规定处理,不得随意处置。

第二十二条 采集、保存、运输动物病料或者病原微生物以及从事病原微生物研究、教学、检测、诊断等活动,应当遵守国家有关病原微生物实验室管理的规定。

第二十三条 患有人畜共患传染病的人员不得直接从事动物诊疗以及易感染动物的饲养、屠宰、经营、隔离、运输等活动。

人畜共患传染病名录由国务院兽医主管部门会同国务院卫生主管部门制定并公布。

第二十四条 国家对动物疫病实行区域化管理,逐步建立无规定动物疫病区。无规定动物疫病区应当符合国务院兽医主管部门规定的标准,经国务院兽医主管部门验收合格予以公布。

本法所称无规定动物疫病区,是指具有天然屏障或者采取人工措施,在一定期限内没有发生规定的一种或者几种动物疫病,并经验收合格的区域。

第二十五条 禁止屠宰、经营、运输下列动物和生产、经营、加工、贮藏、运输下列动物产品:

(一)封锁疫区内与所发生动物疫病有关的;

(二)疫区内易感染的;

(三)依法应当检疫而未经检疫或者检疫不合格的;

(四)染疫或者疑似染疫的;

(五)病死或者死因不明的;

(六)其他不符合国务院兽医主管部门有关动物防疫规定的。

第三章　动物疫情的报告、通报和公布

第二十六条　从事动物疫情监测、检验检疫、疫病研究与诊疗以及动物饲养、屠宰、经营、隔离、运输等活动的单位和个人，发现动物疫情或者疑似染疫的，应当立即向当地兽医主管部门、动物卫生监督机构或者动物疫病预防控制机构报告，并采取隔离等控制措施，防止动物疫情扩散。其他单位和个人发现动物染疫或者疑似染疫的，应当及时报告。

接到动物疫情报告的单位，应当及时采取必要的控制处理措施，并按照国家规定的程序上报。

第二十七条　动物疫情由县级以上人民政府兽医主管部门认定；其中重大动物疫情由省、自治区、直辖市人民政府兽医主管部门认定，必要时报国务院兽医主管部门认定。

第二十八条　国务院兽医主管部门应当及时向国务院有关部门和军队有关部门以及省、自治区、直辖市人民政府兽医主管部门通报重大动物疫情的发生和处理情况；发生人畜共患传染病的，县级以上人民政府兽医主管部门与同级卫生主管部门应当及时相互通报。

国务院兽医主管部门应当依照我国缔结或者参加的条约、协定，及时向有关国际组织或者贸易方通报重大动物疫情的发生和处理情况。

第二十九条　国务院兽医主管部门负责向社会及时公布全国动物疫情，也可以根据需要授权省、自治区、直辖市人民政府兽医主管部门公布本行政区域内的动物疫情。其他单位和个人不得发布动物疫情。

第三十条　任何单位和个人不得瞒报、谎报、迟报、漏报动物疫情，不得授意他人瞒报、谎报、迟报动物疫情，不得阻碍他人报告动物疫情。

第四章　动物疫病的控制和扑灭

第三十一条　发生一类动物疫病时，应当采取下列控制和扑灭措施：

（一）当地县级以上地方人民政府兽医主管部门应当立即派人到现场，划定疫点、疫区、受威胁区，调查疫源，及时报请本级人民政府对疫区实行封锁。疫区范围涉及两个以上行政区域的，由有关行政区域共同的上一级人民政府

对疫区实行封锁,或者由各有关行政区域的上一级人民政府共同对疫区实行封锁。必要时,上级人民政府可以责成下级人民政府对疫区实行封锁。

(二)县级以上地方人民政府应当立即组织有关部门和单位采取封锁、隔离、扑杀、销毁、消毒、无害化处理、紧急免疫接种等强制性措施,迅速扑灭疫病。

(三)在封锁期间,禁止染疫、疑似染疫和易感染的动物、动物产品流出疫区,禁止非疫区的易感染动物进入疫区,并根据扑灭动物疫病的需要对出入疫区的人员、运输工具及有关物品采取消毒和其他限制性措施。

第三十二条 发生二类动物疫病时,应当采取下列控制和扑灭措施:

(一)当地县级以上地方人民政府兽医主管部门应当划定疫点、疫区、受威胁区。

(二)县级以上地方人民政府根据需要组织有关部门和单位采取隔离、扑杀、销毁、消毒、无害化处理、紧急免疫接种、限制易感染的动物和动物产品及有关物品出入等控制、扑灭措施。

第三十三条 疫点、疫区、受威胁区的撤销和疫区封锁的解除,按照国务院兽医主管部门规定的标准和程序评估后,由原决定机关决定并宣布。

第三十四条 发生三类动物疫病时,当地县级、乡级人民政府应当按照国务院兽医主管部门的规定组织防治和净化。

第三十五条 二、三类动物疫病呈暴发性流行时,按照一类动物疫病处理。

第三十六条 为控制、扑灭动物疫病,动物卫生监督机构应当派人在当地依法设立的现有检查站执行监督检查任务;必要时,经省、自治区、直辖市人民政府批准,可以设立临时性的动物卫生监督检查站,执行监督检查任务。

第三十七条 发生人畜共患传染病时,卫生主管部门应当组织对疫区易感染的人群进行监测,并采取相应的预防、控制措施。

第三十八条 疫区内有关单位和个人,应当遵守县级以上人民政府及其兽医主管部门依法做出的有关控制、扑灭动物疫病的规定。

任何单位和个人不得藏匿、转移、盗掘已被依法隔离、封存、处理的动物和动物产品。

第三十九条 发生动物疫情时,航空、铁路、公路、水路等运输部门应当优先组织运送控制、扑灭疫病的人员和有关物资。

第四十条　一、二、三类动物疫病突然发生,迅速传播,给养殖业生产安全造成严重威胁、危害,以及可能对公众身体健康与生命安全造成危害,构成重大动物疫情的,依照法律和国务院的规定采取应急处理措施。

第五章　动物和动物产品的检疫

第四十一条　动物卫生监督机构依照本法和国务院兽医主管部门的规定对动物、动物产品实施检疫。

动物卫生监督机构的官方兽医具体实施动物、动物产品检疫。官方兽医应当具备规定的资格条件,取得国务院兽医主管部门颁发的资格证书,具体办法由国务院兽医主管部门会同国务院人事行政部门制定。

本法所称官方兽医,是指具备规定的资格条件并经兽医主管部门任命的,负责出具检疫等证明的国家兽医工作人员。

第四十二条　屠宰、出售或者运输动物以及出售或者运输动物产品前,货主应当按照国务院兽医主管部门的规定向当地动物卫生监督机构申报检疫。

动物卫生监督机构接到检疫申报后,应当及时指派官方兽医对动物、动物产品实施现场检疫;检疫合格的,出具检疫证明、加施检疫标志。实施现场检疫的官方兽医应当在检疫证明、检疫标志上签字或者盖章,并对检疫结论负责。

第四十三条　屠宰、经营、运输以及参加展览、演出和比赛的动物,应当附有检疫证明;经营和运输的动物产品,应当附有检疫证明、检疫标志。

对前款规定的动物、动物产品,动物卫生监督机构可以查验检疫证明、检疫标志,进行监督抽查,但不得重复检疫收费。

第四十四条　经铁路、公路、水路、航空运输动物和动物产品的,托运人托运时应当提供检疫证明;没有检疫证明的,承运人不得承运。

运载工具在装载前和卸载后应当及时清洗、消毒。

第四十五条　输入到无规定动物疫病区的动物、动物产品,货主应当按照国务院兽医主管部门的规定向无规定动物疫病区所在地动物卫生监督机构申报检疫,经检疫合格的,方可进入;检疫所需费用纳入无规定动物疫病区所在地地方人民政府财政预算。

第四十六条 跨省、自治区、直辖市引进乳用动物、种用动物及其精液、胚胎、种蛋的,应当向输入地省、自治区、直辖市动物卫生监督机构申请办理审批手续,并依照本法第四十二条的规定取得检疫证明。

跨省、自治区、直辖市引进的乳用动物、种用动物到达输入地后,货主应当按照国务院兽医主管部门的规定对引进的乳用动物、种用动物进行隔离观察。

第四十七条 人工捕获的可能传播动物疫病的野生动物,应当报经捕获地动物卫生监督机构检疫,经检疫合格的,方可饲养、经营和运输。

第四十八条 经检疫不合格的动物、动物产品,货主应当在动物卫生监督机构监督下按照国务院兽医主管部门的规定处理,处理费用由货主承担。

第四十九条 依法进行检疫需要收取费用的,其项目和标准由国务院财政部门、物价主管部门规定。

第六章　动物诊疗

第五十条 从事动物诊疗活动的机构,应当具备下列条件:

(一)有与动物诊疗活动相适应并符合动物防疫条件的场所;

(二)有与动物诊疗活动相适应的执业兽医;

(三)有与动物诊疗活动相适应的兽医器械和设备;

(四)有完善的管理制度。

第五十一条 设立从事动物诊疗活动的机构,应当向县级以上地方人民政府兽医主管部门申请动物诊疗许可证。受理申请的兽医主管部门应当依照本法和《中华人民共和国行政许可法》的规定进行审查。经审查合格的,发给动物诊疗许可证;不合格的,应当通知申请人并说明理由。申请人凭动物诊疗许可证向工商行政管理部门申请办理登记注册手续,取得营业执照后,方可从事动物诊疗活动。

第五十二条 动物诊疗许可证应当载明诊疗机构名称、诊疗活动范围、从业地点和法定代表人(负责人)等事项。

动物诊疗许可证载明事项变更的,应当申请变更或者换发动物诊疗许可证,并依法办理工商变更登记手续。

第五十三条 动物诊疗机构应当按照国务院兽医主管部门的规定,做好诊疗活动中的卫生安全防护、消毒、隔离和诊疗废弃物处置等工作。

第五十四条　国家实行执业兽医资格考试制度。具有兽医相关专业大学专科以上学历的,可以申请参加执业兽医资格考试;考试合格的,由国务院兽医主管部门颁发执业兽医资格证书;从事动物诊疗的,还应当向当地县级人民政府兽医主管部门申请注册。执业兽医资格考试和注册办法由国务院兽医主管部门商国务院人事行政部门制定。

本法所称执业兽医,是指从事动物诊疗和动物保健等经营活动的兽医。

第五十五条　经注册的执业兽医,方可从事动物诊疗、开具兽药处方等活动。但是,本法第五十七条对乡村兽医服务人员另有规定的,从其规定。

执业兽医、乡村兽医服务人员应当按照当地人民政府或者兽医主管部门的要求,参加预防、控制和扑灭动物疫病的活动。

第五十六条　从事动物诊疗活动,应当遵守有关动物诊疗的操作技术规范,使用符合国家规定的兽药和兽医器械。

第五十七条　乡村兽医服务人员可以在乡村从事动物诊疗服务活动,具体管理办法由国务院兽医主管部门制定。

第七章　监督管理

第五十八条　动物卫生监督机构依照本法规定,对动物饲养、屠宰、经营、隔离、运输以及动物产品生产、经营、加工、贮藏、运输等活动中的动物防疫实施监督管理。

第五十九条　动物卫生监督机构执行监督检查任务,可以采取下列措施,有关单位和个人不得拒绝或者阻碍:

(一)对动物、动物产品按照规定采样、留验、抽检;

(二)对染疫或者疑似染疫的动物、动物产品及相关物品进行隔离、查封、扣押和处理;

(三)对依法应当检疫而未经检疫的动物实施补检;

(四)对依法应当检疫而未经检疫的动物产品,具备补检条件的实施补检,不具备补检条件的予以没收销毁;

(五)查验检疫证明、检疫标志和畜禽标识;

(六)进入有关场所调查取证,查阅、复制与动物防疫有关的资料。

　　动物卫生监督机构根据动物疫病预防、控制需要,经当地县级以上地方人民政府批准,可以在车站、港口、机场等相关场所派驻官方兽医。

　　第六十条　官方兽医执行动物防疫监督检查任务,应当出示行政执法证件,佩戴统一标志。

　　动物卫生监督机构及其工作人员不得从事与动物防疫有关的经营性活动,进行监督检查不得收取任何费用。

　　第六十一条　禁止转让、伪造或者变造检疫证明、检疫标志或者畜禽标识。

　　检疫证明、检疫标志的管理办法,由国务院兽医主管部门制定。

第八章　保障措施

　　第六十二条　县级以上人民政府应当将动物防疫纳入本级国民经济和社会发展规划及年度计划。

　　第六十三条　县级人民政府和乡级人民政府应当采取有效措施,加强村级防疫员队伍建设。

　　县级人民政府兽医主管部门可以根据动物防疫工作需要,向乡、镇或者特定区域派驻兽医机构。

　　第六十四条　县级以上人民政府按照本级政府职责,将动物疫病预防、控制、扑灭、检疫和监督管理所需经费纳入本级财政预算。

　　第六十五条　县级以上人民政府应当储备动物疫情应急处理工作所需的防疫物资。

　　第六十六条　对在动物疫病预防和控制、扑灭过程中强制扑杀的动物、销毁的动物产品和相关物品,县级以上人民政府应当给予补偿。具体补偿标准和办法由国务院财政部门会同有关部门制定。

　　因依法实施强制免疫造成动物应激死亡的,给予补偿。具体补偿标准和办法由国务院财政部门会同有关部门制定。

　　第六十七条　对从事动物疫病预防、检疫、监督检查、现场处理疫情以及在工作中接触动物疫病病原体的人员,有关单位应当按照国家规定采取有效的卫生防护措施和医疗保健措施。

第九章　法律责任

第六十八条　地方各级人民政府及其工作人员未依照本法规定履行职责的,对直接负责的主管人员和其他直接责任人员依法给予处分。

第六十九条　县级以上人民政府兽医主管部门及其工作人员违反本法规定,有下列行为之一的,由本级人民政府责令改正,通报批评;对直接负责的主管人员和其他直接责任人员依法给予处分:

(一)未及时采取预防、控制、扑灭等措施的;

(二)对不符合条件的颁发动物防疫条件合格证、动物诊疗许可证,或者对符合条件的拒不颁发动物防疫条件合格证、动物诊疗许可证的;

(三)其他未依照本法规定履行职责的行为。

第七十条　动物卫生监督机构及其工作人员违反本法规定,有下列行为之一的,由本级人民政府或者兽医主管部门责令改正,通报批评;对直接负责的主管人员和其他直接责任人员依法给予处分:

(一)对未经现场检疫或者检疫不合格的动物、动物产品出具检疫证明、加施检疫标志,或者对检疫合格的动物、动物产品拒不出具检疫证明、加施检疫标志的;

(二)对附有检疫证明、检疫标志的动物、动物产品重复检疫的;

(三)从事与动物防疫有关的经营性活动,或者在国务院财政部门、物价主管部门规定外加收费用、重复收费的;

(四)其他未依照本法规定履行职责的行为。

第七十一条　动物疫病预防控制机构及其工作人员违反本法规定,有下列行为之一的,由本级人民政府或者兽医主管部门责令改正,通报批评;对直接负责的主管人员和其他直接责任人员依法给予处分:

(一)未履行动物疫病监测、检测职责或者伪造监测、检测结果的;

(二)发生动物疫情时未及时进行诊断、调查的;

(三)其他未依照本法规定履行职责的行为。

第七十二条　地方各级人民政府、有关部门及其工作人员瞒报、谎报、迟报、漏报或者授意他人瞒报、谎报、迟报动物疫情,或者阻碍他人报告动物疫情的,由上级人民政府或者有关部门责令改正,通报批评;对直接负责的主管人员和其他直接责任人员依法给予处分。

第七十三条 违反本法规定,有下列行为之一的,由动物卫生监督机构责令改正,给予警告;拒不改正的,由动物卫生监督机构代做处理,所需处理费用由违法行为人承担,可以处一千元以下罚款:

(一)对饲养的动物不按照动物疫病强制免疫计划进行免疫接种的;

(二)种用、乳用动物未经检测或者经检测不合格而不按照规定处理的;

(三)动物、动物产品的运载工具在装载前和卸载后没有及时清洗、消毒的。

第七十四条 违反本法规定,对经强制免疫的动物未按照国务院兽医主管部门规定建立免疫档案、加施畜禽标识的,依照《中华人民共和国畜牧法》的有关规定处罚。

第七十五条 违反本法规定,不按照国务院兽医主管部门规定处置染疫动物及其排泄物,染疫动物产品,病死或者死因不明的动物尸体,运载工具中的动物排泄物以及垫料、包装物、容器等污染物以及其他经检疫不合格的动物、动物产品的,由动物卫生监督机构责令无害化处理,所需处理费用由违法行为人承担,可以处三千元以下罚款。

第七十六条 违反本法第二十五条规定,屠宰、经营、运输动物或者生产、经营、加工、贮藏、运输动物产品的,由动物卫生监督机构责令改正、采取补救措施,没收违法所得和动物、动物产品,并处同类检疫合格动物、动物产品货值金额一倍以上五倍以下罚款;其中依法应当检疫而未检疫的,依照本法第七十八条的规定处罚。

第七十七条 违反本法规定,有下列行为之一的,由动物卫生监督机构责令改正,处一千元以上一万元以下罚款;情节严重的,处一万元以上十万元以下罚款:

(一)兴办动物饲养场(养殖小区)和隔离场所,动物屠宰加工场所,以及动物和动物产品无害化处理场所,未取得动物防疫条件合格证的;

(二)未办理审批手续,跨省、自治区、直辖市引进乳用动物、种用动物及其精液、胚胎、种蛋的;

(三)未经检疫,向无规定动物疫病区输入动物、动物产品的。

第七十八条 违反本法规定,屠宰、经营、运输的动物未附有检疫证明,经营和运输的动物产品未附有检疫证明、检疫标志的,由动物卫生监督机构责令改正,处同类检疫合格动物、动物产品货值金额百分之十以上百分之五十以下罚款;对货主以外的承运人处运输费用一倍以上三倍以下罚款。

违反本法规定,参加展览、演出和比赛的动物未附有检疫证明的,由动物卫生监督机构责令改正,处一千元以上三千元以下罚款。

第七十九条　违反本法规定,转让、伪造或者变造检疫证明、检疫标志或者畜禽标识的,由动物卫生监督机构没收违法所得,收缴检疫证明、检疫标志或者畜禽标识,并处三千元以上三万元以下罚款。

第八十条　违反本法规定,有下列行为之一的,由动物卫生监督机构责令改正,处一千元以上一万元以下罚款:

(一)不遵守县级以上人民政府及其兽医主管部门依法做出的有关控制、扑灭动物疫病规定的;

(二)藏匿、转移、盗掘已被依法隔离、封存、处理的动物和动物产品的;

(三)发布动物疫情的。

第八十一条　违反本法规定,未取得动物诊疗许可证从事动物诊疗活动的,由动物卫生监督机构责令停止诊疗活动,没收违法所得;违法所得在三万元以上的,并处违法所得一倍以上三倍以下罚款;没有违法所得或者违法所得不足三万元的,并处三千元以上三万元以下罚款。

动物诊疗机构违反本法规定,造成动物疫病扩散的,由动物卫生监督机构责令改正,处一万元以上五万元以下罚款;情节严重的,由发证机关吊销动物诊疗许可证。

第八十二条　违反本法规定,未经兽医执业注册从事动物诊疗活动的,由动物卫生监督机构责令停止动物诊疗活动,没收违法所得,并处一千元以上一万元以下罚款。

执业兽医有下列行为之一的,由动物卫生监督机构给予警告,责令暂停六个月以上一年以下动物诊疗活动;情节严重的,由发证机关吊销注册证书:

(一)违反有关动物诊疗的操作技术规范,造成或者可能造成动物疫病传播、流行的;

(二)使用不符合国家规定的兽药和兽医器械的;

(三)不按照当地人民政府或者兽医主管部门要求参加动物疫病预防、控制和扑灭活动的。

第八十三条　违反本法规定,从事动物疫病研究与诊疗和动物饲养、屠宰、经营、隔离、运输,以及动物产品生产、经营、加工、贮藏等活动的单位和个人,有下列行为之一的,由动物卫生监督机构责令改正;拒不改正的,对违法行为单位处一千元以上一万元以下罚款,对违法行为个人可以处五百元以下罚款:

(一)不履行动物疫情报告义务的;

(二)不如实提供与动物防疫活动有关资料的;

(三)拒绝动物卫生监督机构进行监督检查的;

(四)拒绝动物疫病预防控制机构进行动物疫病监测、检测的。

第八十四条 违反本法规定,构成犯罪的,依法追究刑事责任。

违反本法规定,导致动物疫病传播、流行等,给他人人身、财产造成损害的,依法承担民事责任。

第十章 附 则

第八十五条 本法自 2008 年 1 月 1 日起施行。

二、中华人民共和国进出境动植物检疫法

（1991 年 10 月 30 日第七届全国人民代表大会常务委员会第二十二次会议通过　1991 年 10 月 30 日中华人民共和国主席令第 53 号公布　自 1992 年 4 月 1 日起施行）

目　录

第一章　总　则

第一条　为防止动物传染病、寄生虫病和植物危险性病、虫、杂草以及其他有害生物（以下简称病虫害）传入、传出国境，保护农、林、牧、渔业生产和人体健康，促进对外经济贸易的发展，制定本法。

第二条　进出境的动植物、动植物产品和其他检疫物，装载动植物、动植物产品和其他检疫物的装载容器、包装物，以及来自动植物疫区的运输工具，依照本法规定实施检疫。

第三条　国务院设立动植物检疫机关（以下简称国家动植物检疫机关），统一管理全国进出境动植物检疫工作。国家动植物检疫机关在对外开放的口岸和进出境动植物检疫业务集中的地点设立的口岸动植物检疫机关，依照本法规定实施进出境动植物检疫。

贸易性动物产品出境的检疫机关，由国务院根据情况规定。

国务院农业行政主管部门主管全国进出境动植物检疫工作。

第四条　口岸动植物检疫机关在实施检疫时可以行使下列职权：

（一）依照本法规定登船、登车、登机实施检疫；

（二）进入港口、机场、车站、邮局以及检疫物的存放、加工、养殖、种植场所实施检疫，并依照规定采样；

（三）根据检疫需要，进入有关生产、仓库等场所，进行疫情监测、调查和检疫监督管理；

（四）查阅、复制、摘录与检疫物有关的运行日志、货运单、合同、发票及其他单证。

第五条　国家禁止下列各物进境：

（一）动植物病原体（包括菌种、毒种等）、害虫及其他有害生物；

（二）动植物疫情流行的国家和地区的有关动植物、动植物产品和其他检疫物；

（三）动物尸体；

（四）土壤。

口岸动植物检疫机关发现有前款规定的禁止进境物的，作退回或者销毁处理。

因科学研究等特殊需要引进本条第一款规定的禁止进境物的，必须事先提出申请，经国家动植物检疫机关批准。

本条第一款第二项规定的禁止进境物的名录，由国务院农业行政主管部门制定并公布。

第六条　国外发生重大动植物疫情并可能传入中国时，国务院应当采取紧急预防措施，必要时可以下令禁止来自动植物疫区的运输工具进境或者封锁有关口岸；受动植物疫情威胁地区的地方人民政府和有关口岸动植物检疫机关，应当立即采取紧急措施，同时向上级人民政府和国家动植物检疫机关报告。

邮电、运输部门对重大动植物疫情报告和送检材料应当优先传送。

第七条　国家动植物检疫机关和口岸动植物检疫机关对进出境动植物、动植物产品的生产、加工、存放过程，实行检疫监督制度。

第八条　口岸动植物检疫机关在港口、机场、车站、邮局执行检疫任务时，海关、交通、民航、铁路、邮电等有关部门应当配合。

第九条　动植物检疫机关检疫人员必须忠于职守，秉公执法。

动植物检疫机关检疫人员依法执行公务，任何单位和个人不得阻挠。

第二章　进境检疫

第十条　输入动物、动物产品、植物种子、种苗及其他繁殖材料的，必须事先提出申请，办理检疫审批手续。

第十一条　通过贸易、科技合作、交换、赠送、援助等方式输入动植物、动植物产品和其他检疫物的，应当在合同或者协议中订明中国法定的检疫要求，并订明必须附有输出国家或者地区政府动植物检疫机关出具的检疫证书。

第十二条　货主或者其代理人应当在动植物、动植物产品和其他检疫物进境前或者进境时持输出国家或者地区的检疫证书、贸易合同等单证，向进境口岸动植物检疫机关报检。

第十三条　装载动物的运输工具抵达口岸时，口岸动植物检疫机关应当采取现场预防措施，对上下运输工具或者接近动物的人员、装载动物的运输工具和被污染的场地作防疫消毒处理。

第十四条　输入动植物、动植物产品和其他检疫物，应当在进境口岸实施检疫。未经口岸动植物检疫机关同意，不得卸离运输工具。

输入动植物，需隔离检疫的，在口岸动植物检疫机关指定的隔离场所检疫。

因口岸条件限制等原因，可以由国家动植物检疫机关决定将动植物、动植物产品和其他检疫物运往指定地点检疫。在运输、装卸过程中，货主或者其代理人应当采取防疫措施。指定的存放、加工和隔离饲养或者隔离种植的场所，应当符合动植物检疫和防疫的规定。

第十五条　输入动植物、动植物产品和其他检疫物，经检疫合格的，准予进境；海关凭口岸动植物检疫机关签发的检疫单证或者在报关单上加盖的印章验放。

输入动植物、动植物产品和其他检疫物，需调离海关监管区检疫的，海关凭口岸动植物检疫机关签发的《检疫调离通知单》验放。

第十六条　输入动物，经检疫不合格的，由口岸动植物检疫机关签发《检疫处理通知单》，通知货主或者其代理人作如下处理：

(一)检出一类传染病、寄生虫病的动物,连同其同群动物全群退回或者全群扑杀并销毁尸体;

(二)检出二类传染病、寄生虫病的动物,退回或者扑杀,同群其他动物在隔离场或者其他指定地点隔离观察。

输入动物产品和其他检疫物经检疫不合格的,由口岸动植物检疫机关签发《检疫处理通知单》,通知货主或者其代理人作除害、退回或者销毁处理。经除害处理合格的,准予进境。

第十七条 输入植物、植物产品和其他检疫物,经检疫发现有植物危险性病、虫、杂草的,由口岸动植物检疫机关签发《检疫处理通知单》,通知货主或者其代理人作除害、退回或者销毁处理。经除害处理合格的,准予进境。

第十八条 本法第十六条第一款第一项、第二项所称一类、二类动物传染病、寄生虫病的名录和本法第十七条所称植物危险性病、虫、杂草的名录,由国务院农业行政主管部门制定并公布。

第十九条 输入动植物、动植物产品和其他检疫物,经检疫发现有本法第十八条规定的名录之外,对农、林、牧、渔业有严重危害的其他病虫害的,由口岸动植物检疫机关依照国务院农业行政主管部门的规定,通知货主或者其代理人作除害、退回或者销毁处理。经除害处理合格的,准予进境。

第三章 出境检疫

第二十条 货主或者其代理人在动植物、动植物产品和其他检疫物出境前,向口岸动植物检疫机关报检。

出境前需经隔离检疫的动物,在口岸动植物检疫机关指定的隔离场所检疫。

第二十一条 输出动植物、动植物产品和其他检疫物,由口岸动植物检疫机关实施检疫,经检疫合格或者经除害处理合格的,准予出境;海关凭口岸动植物检疫机关签发的检疫证书或者在报关单上加盖的印章验放。检疫不合格又无有效方法作除害处理的,不准出境。

第二十二条 经检疫合格的动植物、动植物产品和其他检疫物,有下列情形之一的,货主或者其代理人应当重新报检:

（一）更改输入国家或者地区，更改后的输入国家或者地区又有不同检疫要求的；

（二）改换包装或者原未拼装后来拼装的；

（三）超过检疫规定有效期限的。

第四章　过境检疫

第二十三条　要求运输动物过境的，必须事先商得中国国家动植物检疫机关同意，并按照指定的口岸和路线过境。

装载过境动物的运输工具、装载容器、饲料和铺垫材料，必须符合中国动植物检疫的规定。

第二十四条　运输动植物、动植物产品和其他检疫物过境的，由承运人或者押运人持货运单和输出国家或者地区政府动植物检疫机关出具的检疫证书，在进境时向口岸动植物检疫机关报检，出境口岸不再检疫。

第二十五条　过境的动物经检疫合格的，准予过境；发现有本法第十八条规定的名录所列的动物传染病、寄生虫病的，全群动物不准过境。

过境动物的饲料受病虫害污染的，作除害、不准过境或者销毁处理。

过境的动物的尸体、排泄物、铺垫材料及其他废弃物，必须按照动植物检疫机关的规定处理，不得擅自抛弃。

第二十六条　对过境植物、动植物产品和其他检疫物，口岸动植物检疫机关检查运输工具或者包装，经检疫合格的，准予过境；发现有本法第十八条规定的名录所列的病虫害的，作除害处理或者不准过境。

第二十七条　动植物、动植物产品和其他检疫物过境期间，未经动植物检疫机关批准，不得开拆包装或者卸离运输工具。

第五章　携带、邮寄物检疫

第二十八条　携带、邮寄植物种子、种苗及其他繁殖材料进境的，必须事先提出申请，办理检疫审批手续。

第二十九条　禁止携带、邮寄进境的动植物、动植物产品和其他检疫物的名录，由国务院农业行政主管部门制定并公布。

携带、邮寄前款规定的名录所列的动植物、动植物产品和其他检疫物进境的,作退回或者销毁处理。

第三十条 携带本法第二十九条规定的名录以外的动植物、动植物产品和其他检疫物进境的,在进境时向海关申报并接受口岸动植物检疫机关检疫。

携带动物进境的,必须持有输出国家或者地区的检疫证书等证件。

第三十一条 邮寄本法第二十九条规定的名录以外的动植物、动植物产品和其他检疫物进境的,由口岸动植物检疫机关在国际邮件互换局实施检疫,必要时可以取回口岸动植物检疫机关检疫;未经检疫不得运递。

第三十二条 邮寄进境的动植物、动植物产品和其他检疫物,经检疫或者除害处理合格后放行;经检疫不合格又无有效方法作除害处理的,作退回或者销毁处理,并签发《检疫处理通知单》。

第三十三条 携带、邮寄出境的动植物、动植物产品和其他检疫物,物主有检疫要求的,由口岸动植物检疫机关实施检疫。

第六章 运输工具检疫

第三十四条 来自动植物疫区的船舶、飞机、火车抵达口岸时,由口岸动植物检疫机关实施检疫。发现有本法第十八条规定的名录所列的病虫害的,作不准带离运输工具、除害、封存或者销毁处理。

第三十五条 进境的车辆,由口岸动植物检疫机关作防疫消毒处理。

第三十六条 进出境运输工具上的泔水、动植物性废弃物,依照口岸动植物检疫机关的规定处理,不得擅自抛弃。

第三十七条 装载出境的动植物、动植物产品和其他检疫物的运输工具,应当符合动植物检疫和防疫的规定。

第三十八条 进境供拆船用的废旧船舶,由口岸动植物检疫机关实施检疫,发现有本法第十八条规定的名录所列的病虫害的,作除害处理。

第七章　法律责任

第三十九条　违反本法规定,有下列行为之一的,由口岸动植物检疫机关处以罚款:

(一)未报检或者未依法办理检疫审批手续的;

(二)未经口岸动植物检疫机关许可擅自将进境动植物、动植物产品或者其他检疫物卸离运输工具或者运递的;

(三)擅自调离或者处理在口岸动植物检疫机关指定的隔离场所中隔离检疫的动植物的。

第四十条　报检的动物、动植物产品或者其他检疫物与实际不符的,由口岸动植物检疫机关处以罚款;已取得检疫单证的,予以吊销。

第四十一条　违反本法规定,擅自开拆过境动植物、动植物产品或者其他检疫物的包装的,擅自将过境动植物、动植物产品或者其他检疫物卸离运输工具的,擅自抛弃过境动物的尸体、排泄物、铺垫材料或者其他废弃物的,由动植物检疫机关处以罚款。

第四十二条　违反本法规定,引起重大动植物疫情的,比照刑法第一百七十八条的规定追究刑事责任。

第四十三条　伪造、变造检疫单证、印章、标志、封识,依照刑法第一百六十七条的规定追究刑事责任。

第四十四条　当事人对动植物检疫机关的处罚决定不服的,可以在接到处罚通知之日起十五日内向作出处罚决定的机关的上一级机关申请复议;当事人也可以在接到处罚通知之日起十五日内直接向人民法院起诉。

复议机关应当在接到复议申请之日起六十日内作出复议决定。当事人对复议决定不服的,可以在接到复议决定之日起十五日内向人民法院起诉。复议机关逾期不做出复议决定的,当事人可以在复议期满之日起十五日内向人民法院起诉。

当事人逾期不申请复议也不向人民法院起诉,又不履行处罚决定的,作出处罚决定的机关可以申请人民法院强制执行。

第四十五条　动植物检疫机关检疫人员滥用职权,徇私舞弊,伪造检疫结果,或者玩忽职守,延误检疫出证,构成犯罪的,依法追究刑事责任;不构成犯罪的,给予行政处分。

第八章　附　则

第四十六条　本法下列用语的含义是:

(一)"动物"是指饲养、野生的活动物,如畜、禽、兽、蛇、龟、鱼、虾、蟹、贝、蚕、蜂等;

(二)"动物产品"是指来源于动物未经加工或者虽经加工但仍有可能传播疫病的产品,如生皮张、毛类、肉类、脏器、油脂、动物水产品、奶制品、蛋类、血液、精液、胚胎、骨、蹄、角等;

(三)"植物"是指栽培植物、野生植物及其种子、种苗及其他繁殖材料等;

(四)"植物产品"是指来源于植物未经加工或者虽经加工但仍有可能传播病虫害的产品,如粮食、豆、棉花、油、麻、烟草、籽仁、干果、鲜果、蔬菜、生药材、木材、饲料等;

(五)"其他检疫物"是指动物疫苗、血清、诊断液、动植物性废弃物等。

第四十七条　中华人民共和国缔结或者参加的有关动植物检疫的国际条约与本法有不同规定的,适用该国际条约的规定。但是,中华人民共和国声明保留的条款除外。

第四十八条　口岸动植物检疫机关实施检疫依照规定收费。收费办法由国务院农业行政主管部门会同国务院物价等有关主管部门制定。

第四十九条　国务院根据本法制定实施条例。

第五十条　本法自一九九二年四月一日起施行。一九八二年六月四日国务院发布的《中华人民共和国进出口动植物检疫条例》同时废止。

三、肉牛饲养管理准则(NY 5128—2002)

(一)范围　本标准规定了无公害肉牛生产中环境、引进和购牛、饲养、防疫、管理、运输、废弃物处理等涉及肉牛饲养管理的各环节应遵循的准则。

本标准适用于生产无公害肉牛的种牛场、种公牛站、胚胎移植中心、商品牛场、隔离场的饲养与管理。

(二)规范性引用文件　下列文件中条款通过本标准的引用而成为本标准的条款。凡是注日期的引用文件,其随后所有的修改单(不包括勘误的内容)或修订版均不适用于本标准,然而,鼓励根据本标准达成协议的各方研究是否可使用这些文件的最新版本。凡是不注日期的引用文件,其最新版本适用于本标准。

GB 16548　畜禽病害肉尸及其产品无害化处理规程

GB 16549　畜禽产地检疫规范

GB 16567　种畜禽调运检疫技术规范

GB/T 18407.3—2001　农产品安全质量　无公害畜禽产地环境要求

GB 18596　畜禽场污染物排放标准

NY/T 388　畜禽场环境质量标准

NY 5027　无公害食品　畜禽饮用水水质标准

NY 5125　无公害食品　肉牛饲养兽药适用准则

NY 5126　无公害食品　肉牛饲养兽医防疫准则

NY 5127　无公害食品　肉牛饲养饲料使用准则

种畜禽管理条例

饲料和饲料添加剂管理条例

(三)术语和定义　下列术语和定义适用于本标准。

1. **肉牛** beef cattle　在经济或体型结构上用于生产肉牛的品种(系)。

2. **投入品** input　饲养过程中投入的饲料、饲料添加剂、水、疫苗、兽药等物品。

3. **净道** non—pollution road　牛群周转、场内工作人员行走、场内运送饲料的专用道路。

4. **污道** pollution road　粪便等废弃物运送出场的道路。

5. **牛场废弃物** cattle farm waste　主要包括牛粪、尿、尸体及相关组织、垫料、过期兽药、残余疫苗、一次性使用的畜牧兽医器械及包装物和污水。

（四）牛场环境与工艺

1. 牛场环境应符合 GB/T 18407.3 要求。

2. 厂址用地应符合当地土地利用规划的要求，充分考虑到牛场的放牧和饲草、饲料的条件。

3. 牛场的布局设计应选择背风和向阳，建在干燥、通风、排水良好、易于组织防疫的地点。牛场周围 1 000 米内无大型化工厂、采矿场、皮革厂、肉品加工厂、屠宰场、饲料厂、活畜交易市场和畜牧场污染源。牛场距离干线公路、铁路、城镇、居民区和公共场所 500 米以上，牛场周围有围墙（围墙高＞1.5 米）或防疫沟宽＞2.0 米），周围建立绿化隔离带。

4. 饲养区内不应饲养其他经济用途的动物。饲养区外 1 000 米内不应饲养偶蹄动物。

5. 牛场管理区、生活区、生产区、粪便处理区应分开。牛场生产区要布置在管理区主风向的下风或侧风向，隔离牛舍、污水、粪便处理设施和病、死牛处理区要设在生产区主风向的下风或侧风向。

6. 场区内道路硬化，裸露地面绿化，净道和污道分开，互不交叉，并及时清扫和定期或不定期消毒。

7. 实行按生产阶段进行牛舍结构设计，牛舍布局符合实行分阶段饲养方式的要求。

8. 种牛舍设计应能保温隔热，地面和墙壁应便于清洗和消毒，有便于废弃物排放和处理的设施。

9. 牛场应设有废弃物贮存、处理设施，防止泄漏、溢流、恶臭等对周围环境造成污染。

10. 牛舍应通风良好，空气中有毒有害气体含量应符合 NY/T 388 的要求，温度、湿度、气流、光照符合肉牛不同生长阶段要求。

(五)引种和购牛

1. 引进种牛要严格执行《种畜禽管理条例》第 7、8、9 条,并按照 GB 16567 进行检疫。

2. 购入牛要在隔离场(区)观察不少于 15 天,经兽医检查确定为健康合格后,方可转入生产群。

(六)饲养投入品

1. **饲料和饲料添加剂**

(1)饲料和饲料原料应符合 NY 5127 的要求。

(2)定期对各种饲料和饲料原料进行采样和化验。各种原料和产品标志清楚,在洁净、干燥、无污染源的储存仓内储存。

(3)不应在牛体埋植或在饲料中添加镇静剂、激素类等违禁药物。

(4)使用不含抗生素的添加剂时,应按照《饲料和饲料添加剂管理条例》执行休药期。

2. **饮水**

(1)水质应符合 NY 5027 的要求。

(2)定期清洗消毒饮水设备。

3. **疫苗和使用**

(1)牛群的防疫应符合 NY 5126 的要求。

(2)防疫器械在防疫前后应彻底消毒。

4. **兽药和使用**

(1)治疗使用药剂时,应执行 NY 5125 的规定。

(2)肉牛育肥后期使用药物时,应根据 NY 5125 执行休药期。

(3)发生疾病的种公牛、种母牛及后备母牛必须使用药物治疗时,在治疗期或达不到休药期的不应作为食用淘汰牛出售。

(七)卫生消毒

1. **消毒剂**　选用的消毒剂应符合 NY 5125 的要求。

2. **消毒方法**

(1)喷雾消毒　对清洗完毕的牛舍、带牛环境、牛场道路和周围及进入场区的车辆等用规定浓度的次氯酸盐、有机碘混合物、过氧乙酸、新洁尔灭、煤酚等进行喷雾消毒。

(2)浸液消毒　用规定浓度的新洁尔灭、有机碘混合物和煤酚等的水溶液,洗手、洗工作服或胶靴。

(3)紫外线消毒　人员入口处设紫外线灯照射至少5分钟。

(4)喷洒消毒　在牛舍周围、入口、产床和牛床下面撒生石灰、火碱等进行消毒。

(5)火焰消毒　在牛只经常出入的产房、培育舍等地方用喷灯的火焰依次瞬间喷射消毒。

(6)熏蒸消毒　用甲醛等对饲喂用具和器械在密闭的室内进行熏蒸。

3. 消毒制度

(1)环境消毒　牛舍周围环境每2~3周用2%火碱或撒生石灰消毒一次;场周围及场地内污染地、排粪坑、下水道出口,每月用漂白粉消毒1次。在牛场、牛舍入口设消毒池,定期更换消毒液。

(2)人员消毒　工作人员进入生产区净道和牛舍要更换工作服和工作鞋、经紫外线消毒。外来人员必须进入生产区时,应更换场区工作服和工作鞋,经紫外线消毒,并遵守场内防疫制度,按指定路线行走。

(3)牛舍消毒　每批牛只调出后应彻底清扫干净,用水冲洗,然后进行喷雾消毒。

(4)用具消毒　定期对饲喂用具、饲料车等进行消毒。

(5)带牛消毒　定期进行带牛消毒,减少环境中的病原微生物。

(八)管理

1. 人员管理

(1)牛场工作人员应定期进行健康检查,有传染病者不得从事饲养工作。

(2)场内兽医人员不应对外出诊,配种人员不应对外展开牛的配种工作。

(3)场内工作人员不应携带非本场的动物食品入场。

2. 饲养管理

(1)不应喂发霉和变质的饲料和饲草。

(2)按体重、性别、年龄、强弱分群饲养,观察牛群健康状态,发现问题及时处理。

(3)保持地面清洁,垫料应定期消毒和更换。保持料槽、水槽及舍内用具清洁。

(4)对成年种公牛、母牛定期浴蹄和修蹄。

(5)对所有牛用打耳标等方法编号。

3. 灭蚊蝇、灭鼠、驱虫

(1)消毒水坑等蚊蝇孳生地,定期喷撒消毒药物,灭蚊蝇。

(2)使用器具和药物灭鼠,及时收集死鼠和残余鼠药,并应作无害化处理。

(3)选择高效、安全的抗寄生虫药物驱虫,驱虫程序要符合 NY 5125 的要求。

(九)运输

1. 商品牛运输时,应经动物防疫监督机构根据 GB 16549 检疫,并出具检疫证明。

2. 运输车辆在使用前后要按照 GB 16567 的要求消毒。

(十)病、死牛处理

1. 牛场不应出售病牛、死牛。

2. 需要处死的病牛,应在指定地点进行扑杀,传染病牛尸体要按照 GB 16548 进行处理。

3. 有使用价值的病牛应隔离饲养、治疗,病愈后归群。

(十一)废弃物处理　牛场污染物排放应符合 GB 18596 的要求。

(十二)资料记录

1. 所有记录应准确、可靠、完整。

2. 牛只标记和谱系的育种记录。

3. 发情、配种、妊娠、流产、产犊和产后监护的繁殖记录。

4. 哺乳、断奶、转群的生产记录。

5. 种牛及育肥牛来源、牛号、主要生产性能及销售地记录。

6. 饲料及各种添加剂来源、配方及饲料消耗记录。

7. 防疫、检疫、发病、用药和治疗情况记录。

四、肉牛饲养兽医防疫准则(NY 5126—2002)

(一)范围 本标准规定了生产无公害食品的肉牛饲养场在疫病的预防、监测、控制和扑灭方面的兽医防疫准则。

本标准适用于生产无公害肉牛饲养场的兽医防疫。

(二)规范性引用文件 下列文件中的条款通过本标准的引用而成为本标准的条款。凡是注日期的引用文件,其随后所有的修改单(不包括勘误的内容)或修订版均不适用于本标准,然而,鼓励根据本标准达成协议的各方研究是否可使用这些文件的最新版本。凡是不注日期的引用文件,其最新版本适用于本标准。

GB 16548 畜禽病害肉尸及其产品无害化处理规程

GB 16549 畜禽产地检疫规范

NY/T 388 无公害食品 畜禽饮用水水质

NY 5126 无害化食品 肉牛饲养兽药使用准则

NY 5127 无害化食品 肉牛饲养饲料使用准则

NY/T 5128 无公害食品 肉牛饲养管理准则

中华人民共和国动物防疫法

(三)术语和定义 下列术语和定义适用于本标准

1. **动物疫病** animal epidemic disease 动物的传染病和寄生虫病。

2. **病原体** pathogen 能引起疾病的生物体,包括寄生虫和致病微生物。

3. **动物防疫** animal epidemic prevention 动物疫病的预防、控制、扑灭和动物、动物产品的检疫。

(四)疫病预防

1. **环境卫生条件** 肉牛饲养场的环境卫生质量应符合 NY/T 388 规定的要求

2. **肉牛饲养场的卫生条件**

(1)肉牛饲养场的选址、布局、设施及其卫生要求、工作人员健康卫生要求、运输卫生要求、防疫卫生要求必须符合 NY/T 5128 规定的要求。

(2)具有清洁、无污染的水源,水质应符合 NY 5027 规定的要求。

　　(3)肉牛饲养场应设管理和生活区、生产和饲养区、生产辅助区、畜类堆贮区、病牛隔离区和无害化处理区,各区应相互隔离。净道与污道分设,并尽可能减少交叉点。

　　(4)非生产人员不得进入生产区。特殊情况下,须经消毒后方可入场,并遵守场内的一切防疫制度。

　　(5)应按照 NY/T 5128 规定的要求建立规范的消毒方法。

　　(6)肉牛饲养场不准屠宰和解剖牛只。

　　3. 引进牛只

　　(1)坚持自繁自养的原则,不从有海绵状脑病及高风险的国家和地区引进牛只、胚胎/卵。

　　(2)必须引进牛只时,应从非疫区引进牛只,并有动物检疫合格证明。

　　(3)牛只在装运及运输过程中没有接触过其他偶蹄动物,运输车辆应做过彻底清洗消毒。

　　(4)牛只引进后至少要隔离饲养 30 天,在此期间进行观察、检疫,确认为健康者方可合群饲养。

　　4. **饲养管理要求**　　肉牛饲养场的饲养管理应符合 NY/T 5128 规定的要求。

　　5. **饲料、饲料添加剂和兽药的要求**

　　(1)饲料和饲料添加剂的使用应符合 NY/ 5128 规定的要求,禁止饲喂动物源性肉骨粉。

　　(2)兽药的使用应符合 NY /5128 规定的要求。

　　6. **免疫接种**　　肉牛饲养场应根据《中华人民共和国动物防疫法》及其配套法规的要求,结合当地实际情况,有选择地进行疫病的预防接种工作,并注意选择适宜的疫苗和免疫方法。

　　(五)疫病控制和扑灭

　　1. 肉牛饲养场发生或怀疑发生一类疫病时,应根据《中华人民共和国动物防疫法》及时采取以下措施:

　　(1)立即封锁现场,驻场兽医应及时进行诊断,采集病料由权威部门确诊,并尽快向当地动物防疫监督机构报告疫情。

　　(2)确诊发生口蹄疫、蓝舌病、牛瘟、牛传染性胸膜肺炎时,肉牛饲养场应配合当地畜牧兽医管理部门,对牛群实施严格的隔离、检疫、扑杀措施。

(3)发生牛海绵状脑病时,除了对牛群实施严格的隔离、扑杀措施外,还需追踪调查病牛的亲代和子代。

(4)全场进行彻底的清洗消毒,病死或淘汰牛的尸体按 GB 16548 进行无害化处理。

2. 发生炭疽时,毁灭病牛,对可能污染点彻底消毒。

3. 发生牛白血病、结核病、布氏杆菌病等疫病,发现蓝舌病血清学阳性牛时,应对牛群实施清群和净化措施。

(六)产地检疫　产地检疫按 GB 16549 和国家相关规定执行。

(七)疫病监测

1. 当地畜牧兽医行政管理部门必须按照《中华人民共和国动物防疫法》及其配套法规的要求,结合当地实际情况,制定疫病监测方案,由当地动物防疫监督机构实施,肉牛饲养场应积极予以配合。

2. 肉牛饲养场常规监测的疾病至少应包括:口蹄疫、结核病、布氏杆菌病。

3. 不应检出的疫病:牛瘟、牛传染性胸膜肺炎、牛海绵状脑病。

除上述疫病外,还应根据当地实际情况,选择其他一些必要的疫病进行监测。

4. 根据当地实际情况由动物防疫监督机构定期或不定期进行必要的疫病监督抽查,并将抽查结果报告当地畜牧兽医行政管理部门,并反馈肉牛饲养场。

(八)记录　每群肉牛都要有相关的资料记录,其内容包括:肉牛来源,饲料消耗情况,发病率、死亡率及发病死亡的原因,消毒状况。无害化处理情况,实验室检查及其结果,用药及免疫接种情况,肉牛去向。所有记录必须妥善保存。

五、附　表

见附表1至附表4。

附表1　生长肥育牛的营养需要

体重 (千克)	日增重 (千克)	干物质 (千克)	肉牛能量 单位(RND)	综合净能 (千焦)	粗蛋白质 (克)	钙 (克)	磷 (克)
	0	2.66	1.46	11.76	236	5	5
	0.3	3.29	1.87	15.10	377	14	8
	0.4	3.49	1.97	15.90	421	17	9
	0.5	3.70	2.01	16.74	465	19	10
	0.6	3.91	2.19	17.66	5.7	22	11
150	0.7	4.12	2.30	18.58	548	25	12
	0.8	4.33	2.45	19.75	589	28	13
	0.9	4.54	2.61	21.05	627	31	14
	1.0	4.75	2.80	22.64	665	34	15
	1.1	4.95	3.02	24.35	704	37	16
	1.2	5.16	3.25	26.28	739	40	16
	0	2.98	1.63	13.18	265	6	6
	0.3	3.63	2.69	16.90	403	14	9
	0.4	3.85	2.20	17.78	447	17	9
	0.5	4.07	2.32	18.70	489	20	10
	0.6	4.29	2.44	19.71	530	23	11
175	0.7	4.51	2.57	20.75	571	26	12
	0.8	4.72	2.79	22.05	609	28	13
	0.9	4.94	2.91	23.47	650	31	14
	1.0	5.16	3.12	25.23	686	34	15
	1.1	5.38	3.37	27.20	724	37	16
	1.2	5.59	3.63	29.29	759	40	17

续附表1

体 重 (千克)	日增重 (千克)	干物质 (千克)	肉牛能量 单位(RND)	综合净能 (千焦)	粗蛋白质 (克)	钙 (克)	磷 (克)
	0	3.30	1.80	14.56	293	7	7
	0.3	3.98	2.32	18.70	428	15	9
	0.4	4.21	2.43	19.62	472	17	10
	0.5	4.44	2.56	20.67	514	20	11
	0.6	4.66	2.69	21.76	555	23	12
200	0.7	4.89	2.83	22.89	593	26	13
	0.8	5.12	3.01	24.31	631	29	14
	0.9	5.34	3.21	25.90	669	31	15
	1.0	5.57	3.45	27.82	708	34	16
	1.1	5.80	3.71	29.96	743	37	17
	1.2	6.03	4.00	32.30	778	40	17
	0	3.60	1.87	15.10	320	7	7
	0.3	4.31	2.56	20.71	452	15	10
	0.4	4.55	2.69	21.76	494	18	11
	0.5	4.78	2.83	22.89	535	20	12
	0.6	5.02	2.98	24.10	576	23	13
225	0.7	5.26	3.14	25.36	614	26	14
	0.8	5.49	3.33	26.90	652	29	14
	0.9	5.73	3.55	28.66	691	31	15
	1.0	5.96	3.81	30.79	726	34	16
	1.1	6.20	4.10	33.10	761	37	17
	1.2	6.44	4.42	35.69	796	39	18

续附表 1

体重 （千克）	日增重 （千克）	干物质 （千克）	肉牛能量 单位（RND）	综合净能 （千焦）	粗蛋白质 （克）	钙 （克）	磷 （克）
	0	3.90	2.20	17.78	346	8	8
	0.3	4.64	2.81	22.72	475	16	11
	0.4	4.88	2.95	23.85	517	18	12
	0.5	5.13	3.11	25.10	558	21	12
	0.6	5.37	3.27	26.44	599	23	13
250	0.7	5.62	3.45	27.82	637	26	14
	0.8	5.87	3.65	29.50	672	29	15
	0.9	6.11	3.89	31.38	711	31	16
	1.0	6.36	4.18	33.72	764	34	17
	1.1	6.60	4.49	36.28	781	36	18
	1.2	6.85	4.84	39.08	814	39	18
	0	4.19	2.40	19.37	372	9	9
	0.3	4.96	3.07	24.77	501	16	12
	0.4	5.21	3.22	25.98	543	19	12
	0.5	5.47	3.39	27.36	581	21	13
	0.6	5.72	3.57	28.79	619	24	14
275	0.7	5.98	3.75	30.29	657	26	15
	0.8	6.23	3.98	32.13	696	29	16
	0.9	6.49	4.23	34.18	731	31	16
	1.0	6.74	4.55	36.74	766	34	17
	1.1	7.00	4.89	39.50	798	36	18
	1.2	7.25	5.26	42.51	834	39	19

续附表 1

体 重 （千克）	日增重 （千克）	干物质 （千克）	肉牛能量 单位（RND)	综合净能 （千焦）	粗蛋白质 （克）	钙 （克）	磷 （克）
	0	4.47	2.60	21.00	397	10	10
	0.3	5.26	3.32	26.78	523	17	12
	0.4	5.53	3.48	28.12	565	19	13
	0.5	5.79	3.66	29.58	603	21	14
	0.6	6.06	3.86	31.13	641	24	15
300	0.7	6.32	4.06	32.76	679	26	15
	0.8	6.58	4.31	34.77	715	29	16
	0.9	6.85	4.58	36.99	750	31	17
	1.0	7.11	4.92	30.71	785	34	18
	1.1	7.38	5.29	42.68	818	36	19
	1.2	7.64	5.69	45.98	850	38	19
	0	4.75	2.78	22.43	421	11	11
	0.3	5.57	3.54	28.58	547	17	13
	0.4	5.84	3.72	30.04	586	19	14
	0.5	6.12	3.91	31.59	624	22	14
	0.6	6.39	4.12	33.26	662	24	15
325	0.7	6.66	4.36	35.02	700	26	16
	0.8	6.94	4.60	37.15	736	29	17
	0.9	7.12	4.90	39.54	771	31	18
	1.0	7.49	5.25	42.43	803	33	18
	1.1	7.76	5.65	45.61	839	36	19
	1.2	8.03	6.08	49.12	868	38	20

续附表 1

体 重 (千克)	日增重 (千克)	干物质 (千克)	肉牛能量 单位(RND)	综合净能 (千焦)	粗蛋白质 (克)	钙 (克)	磷 (克)
	0	5.02	2.95	23.85	445	12	12
	0.3	5.87	3.76	30.38	569	18	14
	0.4	6.15	3.95	31.92	607	20	14
	0.5	6.14	4.16	33.16	645	22	15
	0.6	6.72	4.38	35.40	683	24	16
350	0.7	7.00	4.61	37.24	719	27	17
	0.8	7.28	4.89	39.50	757	29	17
	0.9	7.57	5.21	42.05	789	31	18
	1.0	7.85	5.59	45.15	824	33	19
	1.1	8.13	6.01	48.53	857	36	20
	1.2	8.41	6.47	52.26	889	38	20
	0	5.28	3.13	25.27	469	12	12
	0.3	6.16	3.99	32.22	593	18	14
	0.4	6.45	4.19	33.85	631	20	15
	0.5	6.74	4.41	35.61	669	22	16
	0.6	7.03	4.65	37.53	704	25	17
375	0.7	7.32	4.89	39.50	743	27	17
	0.8	7.62	5.19	41.99	778	29	18
	0.9	7.91	5.52	44.60	810	31	19
	1.0	8.20	5.93	47.87	345	33	19
	1.1	8.49	6.26	50.54	878	35	20
	1.2	8.79	6.75	54.48	907	38	21

续附表1

体 重 （千克）	日增重 （千克）	干物质 （千克）	肉牛能量 单位（RND）	综合净能 （千焦）	粗蛋白质 （克）	钙 （克）	磷 （克）
	0	5.55	3.31	26.74	492	13	13
	0.3	6.45	4.22	34.06	613	19	15
	0.4	6.76	4.43	35.77	651	21	16
	0.5	7.06	4.66	37.66	689	23	17
	0.6	7.36	4.91	39.66	727	25	17
400	0.7	7.66	5.17	41.76	763	27	18
	0.8	7.96	5.49	44.31	798	29	19
	0.9	8.26	5.64	47.15	830	31	19
	1.0	8.56	6.27	50.63	866	33	20
	1.1	8.87	6.74	54.43	895	35	21
	1.2	9.17	7.26	58.66	927	37	21
	0	5.80	3.48	28.08	515	14	14
	0.3	6.73	4.43	35.77	636	19	16
	0.4	7.04	4.65	37.57	674	21	17
	0.5	7.35	4.90	39.54	712	23	17
	0.6	7.66	5.16	41.67	747	25	18
425	0.7	7.97	5.44	43.89	783	27	18
	0.8	8.29	5.77	46.57	818	29	19
	0.9	8.60	6.14	49.58	850	31	20
	1.0	8.91	6.59	53.22	886	33	20
	1.1	9.22	7.09	57.24	918	35	21
	1.2	9.53	7.64	61.67	947	37	22

体 重 （千克）	日增重 （千克）	干物质 （千克）	肉牛能量 单位（RND）	综合净能 （千焦）	粗蛋白质 （克）	钙 （克）	磷 （克）
	0	6.06	3.63	29.33	538	15	15
	0.3	7.02	4.63	37.41	659	20	17
	0.4	7.34	4.87	39.33	697	21	17
	0.5	7.66	5.12	41.38	732	23	18
	0.6	7.98	5.40	43.60	770	25	19
450	0.7	8.30	5.69	45.94	806	27	19
	0.8	8.62	6.03	48.74	841	29	20
	0.9	8.94	6.43	51.92	873	31	20
	1.0	9.26	6.90	55.77	906	33	21
	1.1	9.58	7.42	59.96	938	35	22
	1.2	9.90	8.00	64.60	967	37	22
	0	6.31	3.79	30.63	560	16	16
	0.3	7.30	4.84	39.08	681	20	17
	0.4	7.63	5.09	41.09	719	22	18
	0.5	7.96	5.35	43.26	754	24	19
	0.6	8.29	5.64	45.61	789	25	19
475	0.7	8.61	5.94	48.03	825	27	20
	0.8	8.94	6.31	51.00	860	29	20
	0.9	9.27	6.72	54.31	892	31	21
	1.0	9.60	7.22	58.32	928	33	21
	1.1	9.93	7.77	62.76	957	35	22
	1.2	10.26	8.37	67.61	989	36	23

续附表1

体 重 （千克）	日增重 （千克）	干物质 （千克）	肉牛能量 单位（RND）	综合净能 （千焦）	粗蛋白质 （克）	钙 （克）	磷 （克）
	0	6.56	3.95	31.92	582	16	16
	0.3	7.58	5.04	40.71	700	21	18
	0.4	7.91	5.30	42.84	738	22	19
	0.5	8.25	5.58	45.10	776	24	19
	0.6	8.59	5.88	47.53	811	26	20
500	0.7	8.93	6.20	50.08	847	27	20
	0.8	9.27	6.58	53.18	882	29	21
	0.9	9.61	7.01	56.65	912	31	21
	1.0	9.94	7.53	60.88	947	33	32
	1.1	10.28	8.10	65.48	979	34	23
	1.2	10.62	8.73	70.54	1011	36	23

附表 2　1978～2007 年我国牛肉产量及牛存出栏数量　（单位：万吨·头）

年　份	肉类总产量	牛肉产量	牛存栏量
1978	856.3	—	7072.4
1979	1062.4	23.0	7134.6
1980	1205.4	26.9	7167.6
1985	1926.5	46.7	8682.0
1990	2857.0	125.6	10288.4
1991	3144.4	153.5	10459.2
1992	3430.7	180.3	10784.0
1993	3841.5	233.6	11315.7
1994	4499.3	327.6	12231.8
1995	4076.4	298.5	10420.1
1996	4584.0	355.7	11031.8
1997	5268.8	440.9	12182.2
1998	5723.8	479.9	12441.9
1999	5949.0	505.4	12698.3
2000	6013.9	513.1	12353.2
2001	6105.8	508.6	11809.2
2002	6234.3	521.9	11567.8
2003	6443.3	542.5	11434.4
2004	6608.7	560.4	11235.4
2005	6938.9	568.1	10990.8
2006	7089.0	576.7	10465.1
2007	6865.7	613.4	10594.800

肉牛育肥与疾病防治

附表3　2007年全国各省进出口牛肉数量(单位:万吨)

省　别	当期进口数量	进口数量比同期	当期进口金额(万美元)	当期出口数量	出口数量比同期	当期出口金额(万美元)	出口金额比同期(万美元)
辽　宁	415.237	23 971.71	57.59	2711.543	58.2027542	929.9071	110.264915
湖　南	—	—	—	1931	−5.296714076	473.4651	19.76501056
山　东	13.869	—	4.80	1858.53	−18.76826974	490.1259	−6.35003403
吉　林	—	—	—	8832.72	7.31342357	2710.6272	27.26497192
上　海	422.608	−0.04	688.21	47		16.235	
河　北	71.975	−21.33	9.23	201.75	−28.86006855	59.2017	−13.13297756
新　疆				870.593	537.1389261	221.1587	702.5528996
北　京	46.776	−27.60	63.70	1286.151	−48.04144077	479.2173	−31.2679318
云　南	2.200	0.78	0.83	—			
安　徽				564.55	3.739434032	170.8224	33.64837249
广　东	2 363.541	406.70	484.37	42.27	428.375	9.4408	603.8544695
天　津	232.079	120.81	34.25	—	−100		−100
贵　州				109	354.1666667	25.7941	520.0206721
河　南				4256.132	4.985264039	853.5251	20.70856887
黑龙江	1.269	−79.95	0.72	3553.845	84.36047625	1019.9537	111.7650588
内蒙古				1222.089	−26.21500902	362.3821	−11.79704627
江　苏	2.610	1 491.46	3.78	—			
四　川				12	−99.08562302	2.1612	−99.15198705
重　庆				194.74	−51.315	41.9	−40.28744683
陕　西				43.221	−48.988528	11.1699	−45.63784847
甘　肃				450	350	141.24	658.3355705
青　海				—		—	
浙　江	67.109		72.39	50		13.0169	—
山　西	—	—	—	100		26.9821	—
全国合计	3 639.273	213.50	1 419.87	28337.134	3.238151295	8058.3263	25.60158941

附表 4　2007 年全国各省出口活牛数量

省　别	年　份（2006 年 12 月）				年　份（2007 年 12 月）			
	当期出口数量	出口数量比同期	当期出口金额（万美元）	出口金额比同期（万美元）	当期出口数量	出口数量比同期	当期出口金额（万美元）	出口金额比同期（万美元）
内蒙古	7.921	11.97	568.53	−0.59	6.613	−16.51	536.63	−5.61
河　南	3.940	24.13	284.91	30.02	2.120	−46.19	164.03	−42.43
北　京	4.778	11.95	322.56	14.74	4.978	4.19	385.25	19.44
广　西	1.410	−8.56	72.64	−8.39	1.416	0.43	72.57	−0.09
广　东	6.855	6.33	388.74	24.72	8.169	19.17	547.17	40.75
上　海	0.038	—	2.28	—	—	—	—	—
陕　西	4.479	−25.52	290.78	−20.57	4.753	6.12	353.03	21.41
河　北	9.520	−10.24	695.76	−5.43	11.446	20.23	1 020.27	46.64
山　东	5.412	−21.27	365.92	−17.60	1.511	−72.08	114.60	−68.68
黑龙江	1.120	−5.64	72.10	−5.49	0.579	−48.30	37.09	−48.56
山　西	1.130	−8.80	76.23	−5.35	0.532	−52.92	37.07	−51.37
甘　肃	0.184	6.98	11.13	7.24	0.249	35.33	17.33	55.70
安　徽	1.994	22.41	132.97	56.41	1.080	−45.84	90.78	−31.73
贵　州	0.120	103.39	8.23	141.40	0.600	400.00	45.19	448.79
吉　林	2.462	35.42	174.35	35.68	1.376	−44.11	96.93	−44.40
湖　北	2.590	67.31	181.85	81.69	1.916	−26.02	146.03	−19.70
云　南	0.126		1.43	—	—	—	—	—
辽　宁	0.119	−68.68	8.13	−10.32	—	—	—	—
浙　江	—	—	—	—	0.432	—	6.04	—
江　西	—	—	—	—	0.022	—	1.69	—
福　建	—	—	—	—	1.813	—	45.33	—
新　疆	—	—	—	—	0.222	—	22.03	—
全国合计	54.198	0.28	3 658.52	4.43	49.827	−8.06	3 739.05	2.20

主要参考文献

[1]　翟桂玉,牛树田,等．家畜繁育技术．北京:同心出版社,2000.

[2]　李青旺．家畜繁育与改良．北京:高等教育出版社,2002.

[3]　邱萃藩．山东省畜牧兽医学校．家畜繁殖学．北京:农业出版社,1998.

[4]　乌鸿飞,曲绪仙,等．家畜饲养技术．北京:中国农业出版社,1999.

[5]　立建国．畜牧学概论．北京:中国农业出版社,2002.

[6]　耿明杰．畜禽繁殖与改良．北京:中国农业出版社,2004.

[7]　张嘉保,周虚．动物繁殖学．吉林:吉林科学技术出版社,1999.

[8]　北京农业大学．家畜繁殖学(第2版)．北京:中国农业出版社,1992.

[9]　张一铃编．家畜繁殖学实验实习指导．北京:中国农业出版社,1995.

[10]　周铁忠,侯安祖,邓同炜．动物疫病防治员．北京:中国农业出版社,2004.

[11]　蒋洪茂．优质肉牛生产技术.北京:中国农业出版社,1995.

[12]　王锋．肉牛绿色养殖新技术.北京:中国农业出版社,2003.

[13]　王根林．养牛学.北京:中国农业出版社,2000.

[14]　郭年丰,等．动物及动物产品运载工具的消毒．河南畜牧兽医,2005(10).

[15] 赵广永.肉牛规模养殖技术.北京:中国农业科学技术出版社.

[16] 郝正里.畜禽营养与标准化饲养.北京:金盾出版社.

[17] 陈幼春,吴克谦.实用养牛大全.北京:中国农业出版社,2007.

金盾版图书，科学实用，
通俗易懂，物美价廉，欢迎选购

高效养鹅及鹅病防治	8.00	实用养狍新技术	15.00
肉鹅高效益养殖技术	12.00	养蛇技术	5.00
种草养鹅与鹅肥肝生产	8.50	貉标准化生产技术	10.00
怎样提高养肉鸽效益	15.00	怎样提高养貉效益	11.00
肉鸽鹌鹑饲料科学配制与		乌苏里貉四季养殖新技术	11.00
应用	14.00	水貂标准化生产技术	7.00
肉鸽鹌鹑良种引种指导 ·	5.50	怎样提高养水貂效益	11.00
肉鸽养殖新技术(修订版)	15.00	特种昆虫养殖实用技术	15.00
肉鸽 信鸽 观赏鸽	9.00	养蜂技术(第4版)	11.00
鸽病防治技术(修订版)	13.00	养蜂技术指导	10.00
鸽病鉴别诊断与防治	15.00	养蜂生产实用技术问答	8.00
鸽病诊断与防治原色图谱	17.00	实用养蜂技术(第2版)	8.00
新编鸽病防治	13.00	图说高效养蜂关键技术	15.00
鹌鹑规模养殖致富	8.00	怎样提高养蜂效益	9.00
鹌鹑高效益饲养技术(修		蜂王培育技术(修订版)	8.00
订版)	14.00	蜂王浆优质高产技术	5.50
毛皮加工及质量鉴定(第		蜂蜜蜂王浆加工技术	9.00
2版)	12.00	蜜蜂育种技术	12.00
实用毛皮动物养殖技术	15.00	蜜蜂病虫害防治	7.00
图说毛皮动物毛色遗传及		蜜蜂病害与敌害防治	12.00
繁育新技术	14.00	中蜂科学饲养技术	8.00
毛皮兽疾病防治	10.00	林蛙养殖技术	3.50
毛皮动物疾病诊断与防治		水蛭养殖技术	8.00
原色图谱	16.00	牛蛙养殖技术(修订版)	7.00
肉狗标准化生产技术	16.00	蜈蚣养殖技术	8.00
狐标准化生产技术	9.00	蟾蜍养殖与利用	6.00
养狐实用新技术(修订版)	10.00	蛤蚧养殖与加工利用	6.00
怎样提高养狐效益	13.00	药用地鳖虫养殖(修订版)	6.00

以上图书由全国各地新华书店经销。凡向本社邮购图书或音像制品,可通过邮局汇款,在汇单"附言"栏填写所购书目,邮购图书均可享受9折优惠。购书30元(按打折后实款计算)以上的免收邮挂费,购书不足30元的按邮局资费标准收取3元挂号费,邮寄费由我社承担。邮购地址:北京市丰台区晓月中路29号,邮政编码:100072,联系人:金友,电话:(010)83210681、83210682、83219215、83219217(传真)。